重庆市
常见外来入侵
动植物图集

主 编 邓洪平 刘 潇

SWUP 西南大学出版社
国家一级出版社 全国百佳图书出版单位

图书在版编目(CIP)数据

重庆市常见外来入侵动植物图集 / 邓洪平, 刘潇主编. -- 重庆：西南大学出版社, 2024.6
ISBN 978-7-5697-2129-4

Ⅰ. ①重… Ⅱ. ①邓… ②刘… Ⅲ. ①外来入侵动物－重庆－图集②外来入侵植物－重庆－图集 Ⅳ. ①S44-64②S45-64

中国国家版本馆CIP数据核字(2024)第005616号

重庆市常见外来入侵动植物图集
CHONGQING SHI CHANGJIAN WAILAI RUQIN DONGZHIWU TUJI
邓洪平　刘　潇　主　编

责任编辑：朱春玲
责任校对：郑祖艺
特约校对：蒋云琪
装帧设计：起源设计
排　　版：瞿　勤
出版发行：西南大学出版社（原西南师范大学出版社）
网址：http://www.xdcbs.com
地址：重庆市北碚区天生路2号
邮编：400715
市场营销部：023-68868624
印　　刷：重庆美惠彩色印刷有限公司
成品尺寸：170 mm×240 mm
印　　张：14.75
字　　数：236千字
版　　次：2024年6月　第1版
印　　次：2024年6月　第1次印刷
书　　号：ISBN 978-7-5697-2129-4

定　　价：75.00元

编 委 会

前　言

党的十八大以来，以习近平同志为核心的党中央不断深化生态文明建设重大战略部署，明确了生态文明建设在党和国家事业发展全局中的重要地位。2020年2月，习近平总书记在中央全面深化改革委员会第十二次会议上要求把生物安全纳入国家安全体系。党的二十大报告明确提出“加强生物安全管理，防治外来物种侵害”。外来入侵物种防控作为保障国家生物安全的重要组成部分，受到前所未有的重视。

重庆位于四川盆地东部与长江中下游平原过渡地带，气候温和，地貌复杂，河流纵横，造就了丰富多样的生态系统和复杂古老的生物区系，是长江上游重要的生态屏障。随着社会经济的快速发展，更便利的交通和更频繁的人员流动，导致外来入侵物种不断增多，对本土生物多样性造成较大威胁。

2020—2022年，受重庆市生态环境局委托，西南大学生物多样性保护与利用研究中心邓洪平教授团队组织开展了重庆市常见外来入侵动植物物种调查。调查主要参考了《中国入侵植物名录》、《生物入侵：中国外来入侵植物图鉴》、《中国外来入侵物种名单》（第一至第四批），以及《重点管理外来入侵物种名录》和《中国外来入侵植物志》等资料。调查对象主要为在重庆已有一定范围分布并造成危害，或者危害性尚未凸显但具有潜在危害、需要引起高度重视的物种。调查结果表明，重庆市域有37科94属137种外来入侵植物，7纲14目20种外来入侵动物。

鉴于目前关于外来入侵物种识别和鉴定的资料较少，缺乏适合一线工作者直接使用的外来入侵物种图集，作为防治重要力量的广大社会公众对常见外来入侵物种也缺乏直观认识和了解，重庆市生态环境局和西南大学决定，基于详尽的文献调研及三年实地调查结果，将重庆市常见外来入侵动植物的生境、主要识别特征等400余张彩色图片整理编纂成图集。

本图集共收录重庆市常见外来入侵植物34科78属99种（含种下等级），常见外来入侵动物7纲13目15种。外来入侵植物科的排列顺序参考*Flora of China*系统（FOC，1994—2013），属、种的排列按拉丁学名字母顺序；外来入侵动物按照无脊椎动物在前、脊椎动物在后的系统分类学顺序排列。外来入侵植物科、属和种的分类和名称，参照*Flora of China*。外来入侵动物的分类和拉丁名参照《中国生物物种名录》（2022）。书中危害或风险等级采用层次分析法，划分三级指标，共55项，根据综合评估所得的分值来划分重、中、轻度。分数越高，表示危害系数越大，风险越高。

本图集可为植物学、动物学的相关研究人员提供鉴定依据，也有助于社会公众深入了解和简单识别外来入侵动植物，为外来入侵物种防治提供重要的参考资料。

限于水平有限与资料收集的难度，存疑、疏漏之处在所难免，敬请广大读者批评指正。

编者

2024年6月于重庆北碚

目录

概述

1. 外来入侵植物概况

2. 外来入侵动物概况

3. 防控建议

植物部分

动物部分

概述

21世纪以来，生物入侵已成为地球上继生境破坏后第二大棘手的环境问题，它严重地影响着全球生物多样性。尤其随着经济全球化进程，国际往来日益频繁，大量外来生物随着交通工具、商品货物、人类交流或有意引进而在不同地区间迁移、扩散，轻易地跨越非自然力可逾越的地理屏障，打破了千万年来生态系统之间生物交流的自然规律。这些大幅度跨区域转移的外来物种在进入当地生态系统后迅速建立种群，侵占原生物种生态位并影响当地生物多样性，便形成了生物入侵。

重庆位于中国西南部、长江上游地区，地跨四川盆地东部与长江中下游平原的过渡地带，东北有大巴山，东有巫山，东南有武陵山，南有大娄山，属亚热带季风性湿润气候。"一带一路"建设为重庆提供了"走出去"的更大平台。长江经济带为重庆提供了更好融入中部和东部的重要载体。重庆是我国西部大开发战略的重要支点，也是长江经济带的重要组成部分。然而，伴随着更便利的交通和频繁的人员流动，重庆也面临着外来入侵物种的干扰。

受重庆市生态环境局的委托，西南大学于2020年至2022年组织相关专业专家及团队，对重庆市41个区域（包括38个区县，重庆高新技术产业开发区、万盛经济技术开发区和两江新区）进行了外来入侵物种的普查工作和入侵危害或风险评估，并提出了相应的防治策略。

1. 外来入侵植物概况

1.1 外来入侵植物物种组成分析

重庆市41个区域外来入侵植物共有37科94属137种。科级水平上，种类最多的是菊科、豆科、苋科和茄科，共72种，占比52.55%，占所有外来入侵植物的一半以上（表1-1）；属级水平上最多的是苋属（*Amaranthus*），有8种，占比5.84%。

表1-1　重庆市外来入侵植物组成

序号	科名	科拉丁名	数量	序号	科名	科拉丁名	数量
1	菊科	Asteraceae	35	20	车前科	Plantaginaceae	1
2	豆科	Fabaceae	17	21	大麻科	Cannabaceae	1
3	苋科	Amaranthaceae	12	22	景天科	Crassulaceae	1
4	茄科	Solanaceae	8	23	落葵科	Basellaceae	1
5	禾本科	Poaceae	6	24	马齿苋科	Portulacaceae	1
6	大戟科	Euphorbiaceae	5	25	牻牛儿苗科	Geraniaceae	1
7	藜科	Chenopodiaceae	4	26	莎草科	Cyperaceae	1
8	马鞭草科	Verbenaceae	4	27	商陆科	Phytolaccaceae	1
9	柳叶菜科	Onagraceae	3	28	桃金娘科	Myrtaceae	1
10	伞形科	Apiaceae	3	29	天南星科	Araceae	1
11	十字花科	Brassicaceae	3	30	小二仙草科	Haloragaceae	1
12	石竹科	Caryophyllaceae	3	31	荨麻科	Urticaceae	1
13	玄参科	Scrophulariaceae	3	32	鸭跖草科	Commelinaceae	1
14	旋花科	Convolvulaceae	3	33	雨久花科	Pontederiaceae	1
15	唇形科	Lamiaceae	2	34	鸢尾科	Iridaceae	1
16	锦葵科	Malvaceae	2	35	竹芋科	Marantaceae	1
17	石蒜科	Amaryllidaceae	2	36	紫草科	Boraginaceae	1
18	仙人掌科	Cactaceae	2	37	紫茉莉科	Nyctaginaceae	1
19	酢浆草科	Oxalidaceae	2	合计			137

1.2 外来入侵植物生活型分析

重庆市外来入侵植物各生活型的数量，详见表1-2。其中，草本植物最多，有115种，包括一年生草本77种，占比56.20%；多年生草本38种，占比27.74%。其次是灌木12种，占比8.76%；乔木4种，占比2.92%；水生植物5种，占比3.65%；藤本1种，占比0.73%。

表1-2　重庆市外来入侵植物的生活型

生活型	数量/种
一年生草本	77
多年生草本	38
灌木	12
水生植物	5
乔木	4
藤本	1
合计	137

1.3 外来入侵植物原产地分析

重庆市外来入侵植物原产地情况，详见表1-3。其中有89种原产于美洲，占所有外来入侵植物的64.96%；有16种原产于欧洲，占比11.68%；13种原产于亚洲，占比9.49%；7种原产于非洲，占比5.11%；原产于大洋洲的有4种，占比2.92%；有1种原产地不详，占比0.73%。还有7种入侵植物原产于多个地区，如原产于非洲、亚洲和欧洲的有1种，占总外来入侵植物的0.73%；产于亚洲和欧洲的有4种，占比2.92%；产于欧洲和非洲的有2种，占比1.46%。

表1-3　重庆市外来入侵植物原产地

原产地	数量/种
美洲	89
欧洲	16
亚洲	13
非洲	7
大洋洲	4
不详	1
非洲、亚洲和欧洲	1

续表

原产地	数量/种
亚洲和欧洲	4
欧洲和非洲	2
合计	137

1.4 外来入侵植物扩散途径分析

对外来入侵植物的扩散途径进行分析，其中有意引入的外来入侵植物最多，有92种，占比67.15%；无意引入的外来入侵植物有29种，占比21.17%；自然传入的外来入侵植物有12种，占比8.76%；引入途径不详的有4种，占比2.92%。可知，外来入侵植物主要是通过植物引种栽培以及旅行或交通运输带入的，如百日菊（*Zinnia elegans*）、刺槐（*Robinia pseudoacacia*）、白车轴草（*Trifolium repens*）、圆叶牵牛（*Ipomoea purpurea*）等。统计得到的重庆市外来入侵植物扩散途径，详见表1-4。

表1-4　重庆市外来入侵植物扩散途径

扩散途径	数量/种
有意引入	92
无意引入	29
自然传入	12
不详	4
合计	137

1.5 外来入侵植物分布现状分析

在重庆市各区（域）中，外来入侵植物数量最多的达69种，占总数（137种）的50.36%。重庆市外来入侵植物种数对比丰度图，见图1-1。

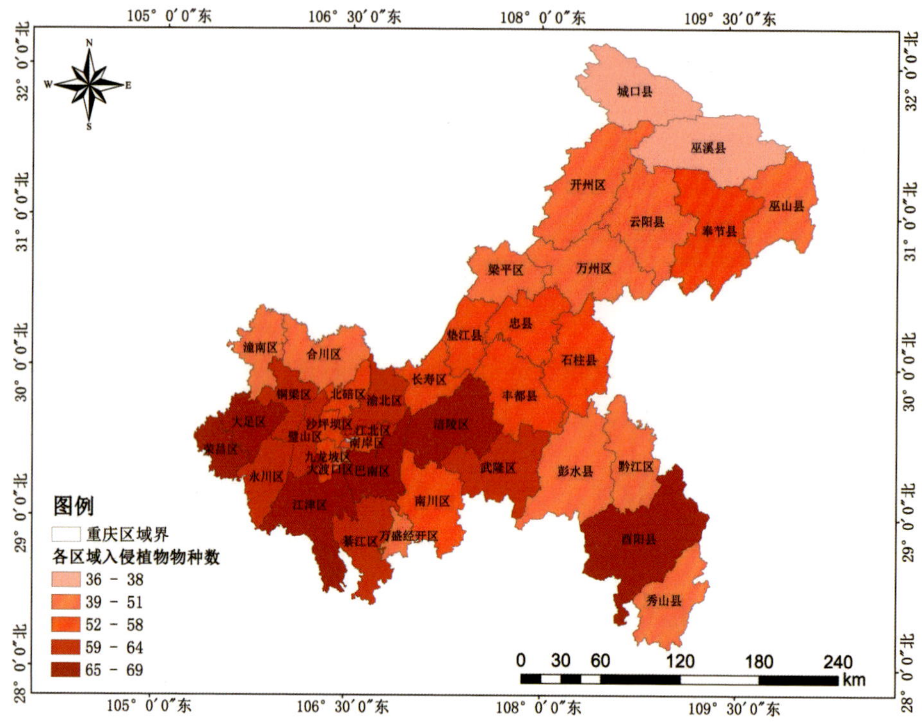

图1-1　重庆市外来入侵植物种数对比丰度图

注：高新技术产业开发区和两江新区的数据归到大渡口区、江北区、沙坪坝区、九龙坡区、北碚区、渝北区、巴南区和江津区体现。

2.外来入侵动物概况

2.1 外来入侵动物物种组成分析

重庆市41个区域的外来入侵动物共有7纲14目20种。入侵脊椎动物共3纲5目5种，其中鱼纲3种，分别为尼罗罗非鱼、虹鳟、食蚊鱼；两栖纲1种，为牛蛙；爬行纲1种，为巴西红耳龟。入侵无脊椎动物共4纲9目15种，分别是线虫纲1种，为松材线虫；腹足纲1种，为福寿螺；昆虫纲12种，为悬铃木方翅网蝽、德国小蠊、美洲大蠊、柑橘小实蝇、瓜实蝇、草地贪夜蛾、马铃薯块茎蛾、稻水象甲、红棕象甲、米象、强大小蠹、红火蚁；甲壳纲1种，为克氏原螯虾。

在这些外来入侵动物中，昆虫纲种类最多，有12种，占比60%；其次是鱼纲，有3种，占比15%；两栖纲1种，为牛蛙，占比5%。牛蛙作为经济动物被引入，主要是养殖逃逸，相对来说野外分布较少，危害较小。腹足纲1种，为福寿螺，占比5%。福寿螺作为恶性入侵物种，其环境适应性及繁殖能力极强，可在水域、旱地、林地等多种生境下生存，高温环境下甚至可以通过休眠适应恶劣环境，应再加强防控。线虫纲主要是松材线虫1种，占比5%，其余详见表2-1。

表2-1　重庆市外来入侵动物组成

纲名	数量/种
昆虫纲	12
鱼纲	3
线虫纲	1
腹足纲	1
甲壳纲	1
两栖纲	1
爬行纲	1
合计	20

2.2 外来入侵动物原产地分析

对20种外来入侵动物的原产地进行分析，发现有14种来自美洲，占比70%。其中，来自北美洲的外来入侵动物最多，有8种，占所有外来入侵动物的40%；来自南美洲的外来入侵动物有5种，占比25%；原产于非洲的外来入侵动物有2种，占比12.5%；原产于亚洲的外来入侵动物有3种，占比15%；原产于欧洲的外来入侵动物有1种，占比5%（表2-2）。

表2-2 重庆市外来入侵动物原产地

原产地	数量/种
北美洲	8
南美洲	5
中美洲	1
亚洲	3
非洲	2
欧洲	1
合计	20

2.3 外来入侵动物扩散途径分析

对外来入侵动物的传入途径进行分析，有意引入的外来入侵动物有7种，占比35%；无意引入的外来入侵动物有11种，占比55%；自然传入的外来入侵动物有2种，占比10%（表2-3）。福寿螺、克氏原螯虾、尼罗罗非鱼、虹鳟、牛蛙主要是作为经济动物被引入的；巴西红耳龟主要是作为观赏动物被引入的；食蚊鱼是作为蚊虫天敌被引入；松材线虫、柑橘小实蝇、瓜实蝇、德国小蠊、美洲大蠊、悬铃木方翅网蝽、稻水象甲、红棕象甲、米象、强大小蠹、红火蚁等是通过人类活动、经济贸易以及交通运输等被无意中引入的。

表2-3 重庆市外来入侵动物扩散途径分析

扩散途径	数量/种
有意引入	7
无意引入	11
自然传入	2
合计	20

2.4 外来入侵动物分布现状分析

重庆市各区域中外来入侵动物最多的有10种，占总种数的50%。重庆市外来入侵动物种数对比丰度图，见图2-1。

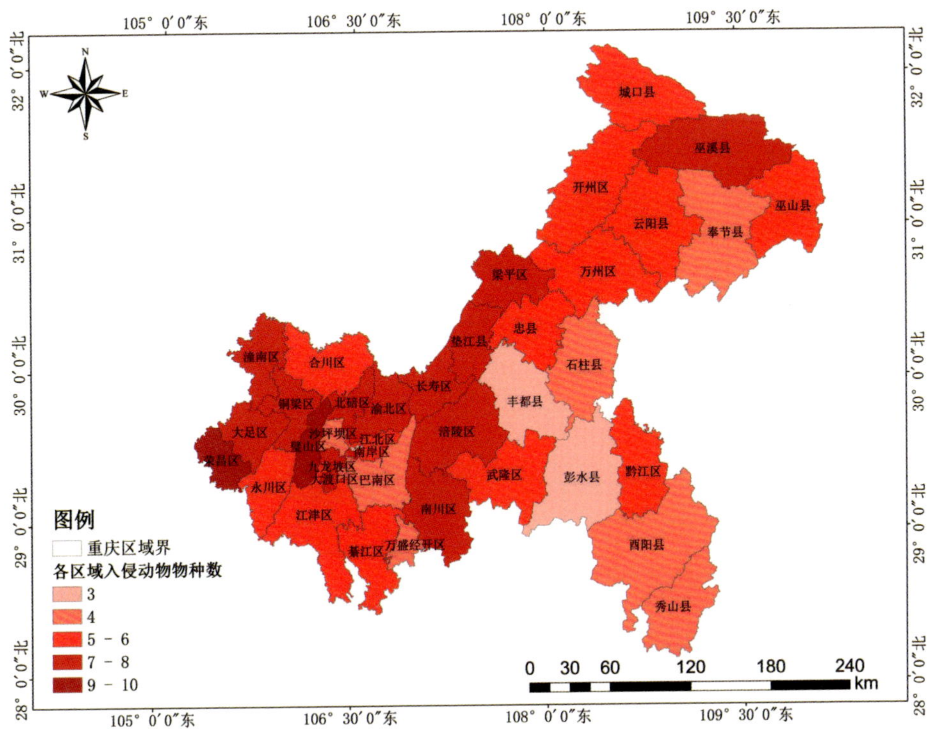

图2-1 重庆市外来入侵动物种数对比丰度图

注：高新技术产业开发区和两江新区的数据归到大渡口区、江北区、沙坪坝区、九龙坡区、北碚区、渝北区、巴南区和江津区体现。

3. 防控建议

认真贯彻《中华人民共和国生物安全法》《外来入侵物种管理办法》等相关法律法规，坚持风险预防、源头管控、精准施策、综合治理、协同配合、公众参与，推进外来入侵物种识别、普查和监测预警。

3.1 科学开展治理防控

（1）强化检疫管理，建立预警机制。加强入境货物、运输工具、邮件、跨境电商、边民互市等渠道检疫监管，依法科学处置截获的入侵物种。严格外来物种引入审批，开展引进的动植物及其产品风险分析，防止其逃逸、扩散。在农田、渔业水域、森林、草原、湿地、城市绿地、高速公路沿线、花卉苗木交易市场等重点区域定期监测外来入侵物种，建立大数据分析和预警平台。

（2）制定科学策略，筑牢生态屏障。对高风险入侵物种制定“一种一策”或“一类一策”，对中、低风险入侵物种做好动态监测与分布预测。加强荒地、旷地、路边、河流、公园、林场、稻田等区域生境修复，构建生物隔离带，筑牢生态屏障。

3.2 加大高风险入侵动植物防控力度

（1）加强农业防治。加强复耕，减少抛荒，减少入侵植物繁衍空间。通过合理种植、翻耕培土、注意排水施肥等技术改善种植环境，提高作物对外来入侵动物的抗性。通过农作物轮作改变草地贪夜蛾等外来入侵动物的栖息环境，降低危害风险。

（2）实施物理防治。对加拿大一枝黄花等入侵植物，一旦发现立即彻底根除，铲除后的残余物要集中销毁，防止其种子或地下根茎等繁殖体散落，防止其蔓延。使用套袋、薄膜、杀虫灯和色板等工具，采取人工捕杀、破坏外来入侵动物的正常生理活动等方式，利用入侵动物趋光性、趋味性以及趋色性进行诱集、捕杀。

（3）开展化学防治。采用草甘膦水剂或百草敌水剂等化学药剂，兑水后均匀喷雾，有效控制加拿大一枝黄花等入侵植物危害。鉴于化学药剂的高毒性，会对生态环境、人畜健康产生较大影响，应合理使用此方法。

（4）采用生物防治。利用其他生物与外来入侵动植物之间的相互关系，降低外来入侵物种种群密度，包括引进天敌、开发抗菌素、性外激素诱杀、释放不育虫等措施。在引入天敌时，要加强对引入物种的风险评估，防止造成更大的入侵危害。

(5)采用综合防治方法。结合农业、物理、化学、生物防治的综合性方法，选择合理措施，达到最佳防控效果，降低经济成本及对环境的危害。

3.3 加强宣传教育，提升公众认知

加强外来入侵物种识别、危害认知、科学处置的科普教育，提升公众生物多样性保护意识，增强基层人员外来入侵物种防控专业能力。

植物部分

1. 大麻 *Cannabis sativa* L.

别名：火麻、野麻、胡麻、线麻、山丝苗、汉麻

分类地位：大麻科 Cannabaceae 大麻属 *Cannabis*

危害或风险等级：轻度

性状描述：一年生直立草本，高 1—3 m，枝具纵沟槽，密生灰白色贴伏毛。叶掌状全裂，裂片披针形或线状披针形，中裂片最长，先端渐尖，基部狭楔形，表面深绿，微被糙毛，背面幼时密被灰白色贴状毛后变无毛，边缘具向内弯的粗锯齿，中脉及侧脉在表面微下陷，背面隆起；叶柄密被灰白色贴伏毛；托叶线形。雄花序长达 25 cm；花黄绿色，花被 5，膜质，外面被细伏贴毛，雄蕊 5，花丝极短，花药长圆形；雌花绿色；花被 1，紧包子房，略被小毛；子房近球形，外面包于苞片。瘦果为宿存黄褐色苞片所包，果皮坚脆，表面具细网纹。花期 5—6 月，果期为 7 月

生境：路边、荒地、农田、宅旁、林下等。

原产地：亚洲

重庆分布：黔江区、江津区、北碚区、石柱县、酉阳县、彭水县等

②

❶居群 ❷植株 ❸叶 ❹花序

2.小叶冷水花 *Pilea microphylla*（L.）Liebm.

别名：透明草、小叶冷水麻

分类地位：荨麻科 Urticaceae 冷水花属 *Pilea*

危害或风险等级：轻度

性状描述：纤细小草本，无毛，铺散或直立。茎肉质，多分枝，高3—17 cm，粗1.0—1.5 mm，干时常变蓝绿色，密布条形钟乳体。叶很小，同对的不等大，倒卵形至匙形，先端钝，基部楔形或渐狭，边缘全缘，稍反曲，上面绿色，下面浅绿色，干时呈细蜂巢状，钟乳体条形，上面明显，长0.3—0.4 mm，横向排列，整齐，叶脉羽状，中脉稍明显，在近先端消失，侧脉数对，不明显；叶柄纤细；托叶不明显，三角形。雌雄同株，有时同序，聚伞花序密集成近头状，具梗，稀近无梗。雄花具梗；花被片4，卵形，外面近先端有短角状突起；雄蕊4；退化雌蕊不明显。雌花更小；花被片3，稍不等长，结果时中间的一枚长圆形，稍增厚，与果近等长，侧生二枚卵形，先端锐尖，薄膜质，较长的一枚短约1/4；退化雄蕊不明显。瘦果卵形，熟时变褐色，光滑。花期夏秋季，果期秋季。

生境：宅前屋后、路边等

原产地：美洲

重庆分布：大渡口区、沙坪坝区、南岸区、北碚区、巴南区、长寿区、永川区、南川区、綦江区、铜梁区、荣昌区、梁平区、武隆区、丰都县、云阳县、石柱县等

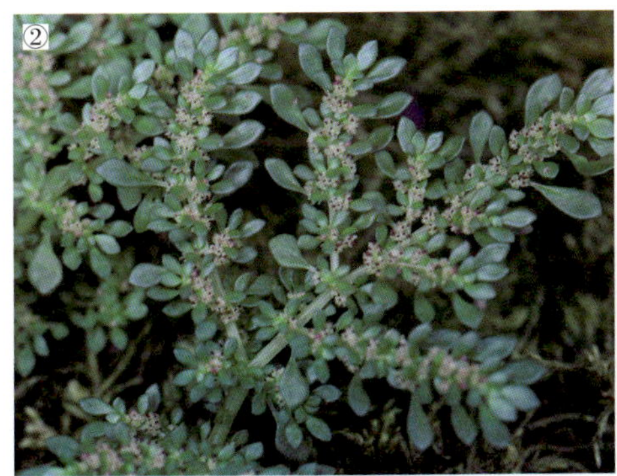

❶居群　❷植株　❸花枝

3. 小藜 *Chenopodium ficifolium* Sm.

别名：灰菜

分类地位：藜科 Chenopodiaceae 藜属 *Chenopodium*

危害或风险等级：轻度

性状描述：一年生草本，高20—50 cm。茎直立，具条棱及绿色色条。叶片卵状矩圆形，通常三浅裂；中裂片两边近平行，先端钝或急尖并具短尖头，边缘具深波状锯齿；侧裂片位于中部以下，通常各具2浅裂齿。花两性，数个团集，排列于上部的枝上形成较开展的顶生圆锥状花序；花被近球形，5深裂，裂片宽卵形，不开展，背面具微纵隆脊并有密粉；雄蕊5，开花时外伸；柱头2，丝形。胞果包在花被内，果皮与种子贴生。种子双凸镜状，黑色，有光泽，边缘微钝，表面具六角形细洼；胚环形。花期4—6月，果期5—7月。

生境：荒地、路边、农田、宅前屋后、花坛、林缘等

原产地：欧洲

重庆分布：大部分区县有分布

❶植株 ❷花序

4. 土荆芥 *Dysphania ambrosioides*（L.）Mosyakin & Clemants

别名：杀虫芥、臭草、鹅脚草

分类地位：藜科 Chenopodiaceae 腺毛藜属 *Dysphania*

危害或风险等级：中度

性状描述：一年生或多年生草本，高 50—80 cm，有强烈香味。茎直立，多分枝，有色条及钝条棱；枝通常细瘦，有短柔毛并兼有具节的长柔毛，有时近于无毛。叶片矩圆状披针形至披针形，先端急尖或渐尖，边缘具稀疏不整齐的大锯齿，基部渐狭具短柄，上面平滑无毛，下面有散生油点并沿叶脉稍有毛，下部的叶长达 15 cm，宽达 5 cm，上部叶逐渐狭小而近全缘。花两性及雌性，通常 3—5 个团集，生于上部叶腋；花被裂片 5，较少为 3，绿色，果时通常闭合；雄蕊 5，花药长 0.5 mm；花柱不明显，柱头通常 3，较少为 4，丝形，伸出花被外。胞果扁球形，完全包于花被内。种子横生或斜生，黑色或暗红色，平滑，有光泽，边缘钝，直径约 0.7 mm。花期 8—9 月，果期 9—10 月。

生境：荒地、林下、农田、林缘、花坛绿地、房前屋后、公路旁、河（江）岸、河（沟）谷、池塘、公园等

原产地：美洲

重庆分布：各区县均有分布

①

②
③

❶植株 ❷茎 ❸叶 ❹花序 ❺果序

5. 喜旱莲子草 *Alternanthera philoxeroides* (Mart.) Griseb.

别名:空心莲子草、水花生、革命草、水蕹菜、空心苋、长梗满天星、空心莲子菜

分类地位:苋科 Amaranthaceae 莲子草属 *Alternanthera*

危害或风险等级:重度

性状描述:多年生草本;茎基部匍匐,上部上升,管状,不明显4棱,长55—120 cm,具分枝,幼茎及叶腋有白色或锈色柔毛,茎老时无毛,仅在两侧纵沟内保留。叶片矩圆形、矩圆状倒卵形或倒卵状披针形,长2.5—5.0 cm,宽7—20 mm,顶端急尖或圆钝,具短尖,基部渐狭,全缘,两面无毛或上面有贴生毛及缘毛,下面有颗粒状突起;叶柄长3—10 mm,无毛或微有柔毛。花密生,成具总花梗的头状花序,单生在叶腋,球形,直径8—15 mm;苞片及小苞片白色,顶端渐尖,具1脉;苞片卵形,长2.0—2.5 mm,小苞片披针形,长2 mm;花被片矩圆形,长5—6 mm,白色,光亮,无毛,顶端急尖,背部侧扁;雄蕊花丝长2.5—3.0 mm,基部连合成杯状;退化雄蕊矩圆状条形,和雄蕊约等长,顶端裂成窄条;子房倒卵形,具短柄,背面侧扁,顶端圆形。果实未见。花期5—7月,果期8—10月。

生境:林缘、林下、塘坝、河(江)岸、旅游步道两侧、河(沟)谷、房前屋后、田间、花坛绿地、荒地、公路旁、池塘、苗圃、交通干道、公园、湖边等

原产地:美洲

重庆分布:各区县均有分布

①

②

❶茎 ❷花序 ❸居群 ❹植株

6. 凹头苋 *Amaranthus blitum* L.

别名:野苋

分类地位:苋科 Amaranthaceae 苋属 *Amaranthus*

危害或风险等级:轻度

性状描述:一年生草本,高 10—30 cm,全体无毛;茎伏卧而上升,从基部分枝,淡绿色或紫红色。叶片卵形或菱状卵形,顶端凹缺,有 1 芒尖,或微小不显,基部宽楔形,全缘或稍呈波状;叶柄长 1.0—3.5 cm。花成腋生花簇,直至下部叶的腋部,生在茎端和枝端者成直立穗状花序或圆锥花序;苞片及小苞片矩圆形;花被片矩圆形或披针形,淡绿色,顶端急尖,边缘内曲,背部有 1 隆起中脉;雄蕊比花被片稍短;柱头 3 或 2,果熟时脱落。胞果扁卵形,不裂,微皱缩而近平滑,超出宿存花被片。种子环形,黑色至黑褐色,边缘具环状边。花期 7—8 月,果期 8—9 月。

生境:农田、宅前屋后、路边、林下、林缘、河岸、沟谷、花坛绿地、荒地、苗圃、公路旁、江边等

原产地:美洲

重庆分布:大部分区县有分布

❶叶（正面） ❷叶（背面） ❸幼嫩果序 ❹植株

7.绿穗苋 *Amaranthus hybridus* L.

别名:台湾苋

分类地位:苋科 Amaranthaceae 苋属 *Amaranthus*

危害或风险等级:中度

性状描述:一年生草本,高30—50 cm;茎直立,分枝,上部近弯曲,有开展柔毛。叶片卵形或菱状卵形,顶端急尖或微凹,具凸尖,基部楔形,边缘波状或有不明显锯齿,微粗糙,上面近无毛,下面疏生柔毛;叶柄有柔毛。圆锥花序顶生,细长,上升稍弯曲,有分枝,由穗状花序而成,中间花穗最长;苞片及小苞片钻状披针形,中脉坚硬,绿色,向前伸出成尖芒;花被片矩圆状披针形,顶端锐尖,具凸尖,中脉绿色;雄蕊略和花被片等长或稍长;柱头3。胞果卵形,环状横裂,超出宿存花被片。种子近球形,黑色。花期7—8月,果期9—10月。

生境:荒地、农田、林下、花坛、林缘、房前屋后、公路旁等

原产地:美洲

重庆分布:各区县均有分布

❶植株 ❷叶 ❸花序 ❹果序

8. 千穗谷 *Amaranthus hypochondriacus* L.

别名: 无

分类地位: 苋科 Amaranthaceae 苋属 *Amaranthus*

危害或风险等级: 轻度

性状描述: 一年生草本,高(10—)20—80 cm;茎绿色或紫红色,分枝,无毛或上部微有柔毛。叶片菱状卵形或矩圆状披针形,顶端急尖或短渐尖,具凸尖,基部楔形,全缘或波状缘,无毛,上面常带紫色;叶柄无毛。圆锥花序顶生,直立,圆柱形,不分枝或分枝,由多数穗状花序形成,侧生穗较短,花簇在花序上排列极密;苞片及小苞片卵状钻形,长4—5 mm,为花被片长的2倍,绿色或紫红色,背部中脉隆起,成长凸尖;花被片矩圆形,顶端急尖或渐尖,绿色或紫红色,有1深色中脉,成长凸尖;柱头2—3。胞果近菱状卵形,环状横裂,绿色,上部带紫色,超出宿存花被。种子近球形,白色,边缘锐。花期7—8月,果期8—9月。

生境: 荒地、路边、田边、房前屋后、花坛绿地等

原产地: 美洲

重庆分布: 大部分区县有分布

②

③

❶居群 ❷植株 ❸花序 ❹茎 ❺叶

9. 刺苋 *Amaranthus spinosus* L.

别名:勒苋菜、竻苋菜

分类地位:苋科 Amaranthaceae 苋属 *Amaranthus*

危害或风险等级:重度

性状描述:一年生草本,高 30—100 cm;茎直立,圆柱形或钝棱形,多分枝,有纵条纹,绿色或带紫色,无毛或稍有柔毛。叶片菱状卵形或卵状披针形,长 3—12 cm,宽 1.0—5.5 cm,顶端圆钝,具微凸头,基部楔形,全缘,无毛或幼时沿叶脉稍有柔毛;叶柄长 1—8 cm,无毛,在其旁有 2 刺,刺长 5—10 mm。圆锥花序腋生及顶生,长 3—25 cm,下部顶生花穗常全部为雄花;苞片在腋生花簇及顶生花穗的基部者变成尖锐直刺,长 5—15 mm,顶生花穗的上部狭披针形,长 1.5 mm,顶端急尖,具凸尖,中脉绿色;小苞片狭披针形,长约 1.5 mm;花被片绿色,顶端急尖,具凸尖,边缘透明,中脉绿色或带紫色,在雄花者矩圆形,长 2.0—2.5 mm,在雌花者矩圆状匙形,长 1.5 mm;雄蕊花丝略和花被片等长或较短;柱头 3,有时 2。胞果矩圆形,长约 1.0—1.2 mm,在中部以下不规则横裂,包裹在宿存花被片内。种子近球形,直径约 1 mm,黑色或带棕黑色。花果期 7—11 月。

生境:公路旁、荒地、林下、林缘、河岸、沟谷、田边、房前屋后、江边、花坛、苗圃等

原产地: 美洲

重庆分布:各区县均有分布

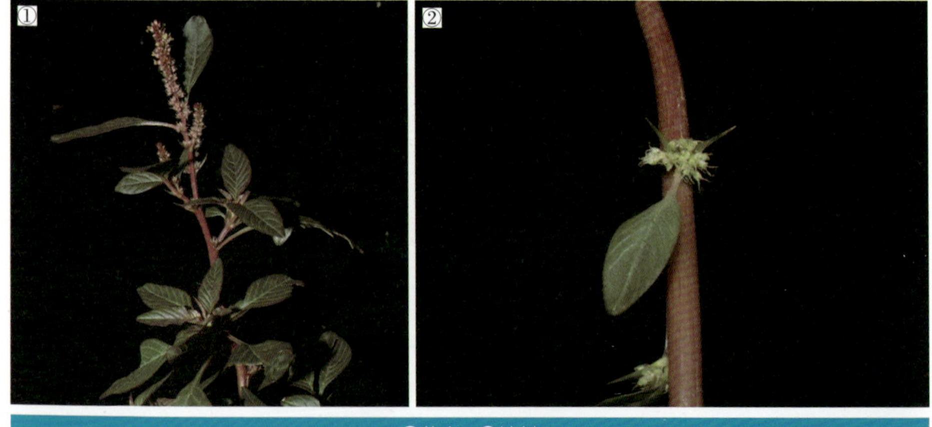

❶花序 ❷针刺

10. 青葙 *Celosia argentea* L.

别名:野鸡冠花、鸡冠花、百日红、狗尾草

分类地位:苋科 Amaranthaceae 青葙属 *Celosia*

危害或风险等级:轻度

性状描述:一年生草本,高0.3—1.0 m,全体无毛;茎直立,有分枝,绿色或红色,具显明条纹。叶片矩圆披针形、披针形或披针状条形,少数卵状矩圆形,绿色常带红色,顶端急尖或渐尖,具小芒尖,基部渐狭;叶柄长2—15 mm,或无叶柄。花多数,密生,在茎端或枝端成单一、无分枝的塔状或圆柱状穗状花序;苞片及小苞片披针形,白色,光亮,顶端渐尖,延长成细芒,具1中脉,在背部隆起;花被片矩圆状披针形,初为白色顶端带红色,或全部粉红色,后成白色,顶端渐尖,具1中脉,在背面凸起;花丝长5—6 mm,分离部分长约2.5—3.0 mm,花药紫色;子房有短柄,花柱紫色。胞果卵形,包裹在宿存花被片内。种子凸透镜状肾形。花期5—8月,果期6—10月。

生境:林下、荒地、田边、林缘、沟谷、花坛绿地、房前屋后、公路旁、河(江)岸、旅游步道两侧等

原产地:亚洲

重庆分布:各区县均有分布

❶茎 ❷居群 ❸植株 ❹花序

11. 鸡冠花 *Celosia cristata* L.

别名：无

分类地位：苋科 Amaranthaceae 青葙属 *Celosia*

危害或风险等级：轻度

性状描述：本种和青葙极相近，但叶片卵形、卵状披针形或披针形，宽 2—6 cm；花多数，极密生，呈扁平肉质鸡冠状、卷冠状或羽毛状的穗状花序，一个大花序下面有数个较小的分枝，圆锥状矩圆形，表面羽毛状；花被片红色、紫色、黄色、橙色或红色黄色相间。花果期 7—9 月。

生境：花坛、路边、宅前屋后、荒地、农田、林下等

原产地：美洲

重庆分布：各区县均有分布

❶居群 ❷植株 ❸❹花序

12. 千日红 *Gomphrena globosa* L.

别名:百日红、火球花

分类地位:苋科 Amaranthaceae 千日红属 *Gomphrena*

危害或风险等级:轻度

性状描述:一年生直立草本,高20—60 cm;茎粗壮,有分枝,枝略呈四棱形,有灰色糙毛,幼时更密,节部稍膨大。叶片纸质,长椭圆形或矩圆状倒卵形,顶端急尖或圆钝,凸尖,基部渐狭,边缘波状,两面有小斑点、白色长柔毛及缘毛,叶柄有灰色长柔毛。花多数,密生,呈顶生球形或矩圆形头状花序,单一或2—3个,直径2.0—2.5 cm,常紫红色,有时淡紫色或白色;总苞为2绿色对生叶状苞片而成,卵形或心形,两面有灰色长柔毛;苞片卵形,白色,顶端紫红色;小苞片三角状披针形,紫红色,内面凹陷,顶端渐尖,背棱有细锯齿缘;花被片披针形,不展开,顶端渐尖,外面密生白色绵毛,花期后不变硬;雄蕊花丝连合成管状,顶端5浅裂,花药生在裂片的内面,微伸出;花柱条形,比雄蕊管短,柱头2,叉状分枝。胞果近球形,直径2.0—2.5 mm。种子肾形,棕色,光亮。花果期6—9月。

生境:荒地、路边、田边、房前屋后、花坛绿地、城市绿化、林缘、林下等

原产地:美洲

重庆分布:大部分区县有分布

❶居群 ❷叶 ❸植株 ❹花序

13. 紫茉莉 *Mirabilis jalapa* L.

别名:晚饭花、晚晚花、野丁香、苦丁香、丁香叶、状元花、夜饭花、粉豆花、胭脂花、烧汤花、夜娇花、潮来花、粉豆、白花紫茉莉、地雷花、白开夜合

分类地位:紫茉莉科 Nyctaginaceae 紫茉莉属 *Mirabilis*

危害或风险等级:轻度

性状描述:一年生草本,高可达1 m。根肥粗,倒圆锥形,黑色或黑褐色。茎直立,圆柱形,多分枝,无毛或疏生细柔毛,节稍膨大。叶片卵形或卵状三角形,长3—15 cm,宽2—9 cm,顶端渐尖,基部截形或心形,全缘,两面均无毛,脉隆起;叶柄长1—4 cm,上部叶几无柄。花常数朵簇生枝端;花梗长1—2 mm;总苞钟形,长约1 cm,5裂,裂片三角状卵形,顶端渐尖,无毛,具脉纹,果时宿存;花被紫红色、黄色、白色或杂色,高脚碟状,筒部长2—6 cm,檐部直径2.5—3.0 cm,5浅裂;花午后开放,有香气,次日午前凋萎;雄蕊5,花丝细长,常伸出花外,花药球形;花柱单生,线形,伸出花外,柱头头状。瘦果球形,直径5—8 mm,革质,黑色,表面具皱纹;种子胚乳白粉质。花期6—10月,果期8—11月。

生境:路边、花坛绿地、农田、荒地、宅前屋后、林下、林缘、河岸、沟谷等

原产地:美洲

重庆分布:各区县均有分布

①

②

❶果 ❷花枝 ❸居群 ❹植株

14. 垂序商陆 *Phytolacca americana* L.

别名:美商陆、美洲商陆、美国商陆、洋商陆、见肿消、红籽

分类地位:商陆科 Phytolaccaceae 商陆属 *Phytolacca*

危害或风险等级:中度

性状描述:多年生草本,高1—2 m。根粗壮,肥大,倒圆锥形。茎直立,圆柱形,有时带紫红色。叶片椭圆状卵形或卵状披针形,长9—18 cm,宽5—10 cm,顶端急尖,基部楔形;叶柄长1—4 cm。总状花序顶生或侧生,长5—20 cm;花梗长6—8 mm;花白色,微带红晕,直径约6 mm;花被片5,雄蕊、心皮及花柱通常均为10,心皮合生。果序下垂;浆果扁球形,熟时紫黑色;种子肾圆形,直径约3 mm。花期6—8月,果期8—10月。

生境:荒地、林下、田边、林缘、房前屋后、河边、花坛绿地、旅游步道两侧、塘坝、江边、公园、湖边、交通干道等

原产地:美洲

重庆分布:各区县均有分布

①

❶居群　❷茎　❸花序　❹花序　❺叶　❻果

15. 土人参 *Talinum paniculatum* (Jacq.) Gaertn.

别名:波世兰、力参、煮饭花、紫人参、红参、土高丽参、参草、假人参、栌兰

分类地位:马齿苋科 Portulacaceae 土人参属 *Talinum*

危害或风险等级:轻度

性状描述:一年生或多年生草本，全株无毛，高 30—100 cm。主根粗壮，圆锥形，有少数分枝，皮黑褐色，断面乳白色。茎直立，肉质，基部近木质，少分枝，圆柱形，有时具槽。叶互生或近对生，具短柄或近无柄，叶片稍肉质，倒卵形或倒卵状长椭圆形，长 5—10 cm，宽 2.5—5.0 cm，顶端急尖，有时微凹，具短尖头，基部狭楔形，全缘。圆锥花序顶生或腋生，较大型，常二叉状分枝，具长花序梗；花小，直径约 6 mm；总苞片绿色或近红色，圆形，顶端圆钝，长 3—4 mm；苞片 2，膜质，披针形，顶端急尖，长约 1 mm；花梗长 5—10 mm；萼片卵形，紫红色，早落；花瓣粉红色或淡紫红色，长椭圆形、倒卵形或椭圆形，长 6—12 mm，顶端圆钝，稀微凹；雄蕊（10—）15—20，比花瓣短；花柱线形，长约 2 mm，基部具关节；柱头 3 裂，稍开展；子房卵球形，长约 2 mm。蒴果近球形，直径约 4 mm，3 瓣裂，坚纸质；种子多数，扁圆形，直径约 1 mm，黑褐色或黑色，有光泽。花期 6—8 月，果期 9—11 月。

生境:路旁、农田、荒地、宅前屋后、花坛、林下、林缘等

原产地:美洲

重庆分布:各区县均有分布

①

②

❶叶 ❷花序 ❸茎叶 ❹植株

16. 落葵薯 *Anredera cordifolia* (Ten.) Steenis

别名:热带皇宫菜、川七、藤子三七、马地拉落葵、洋落葵、田三七、藤本、藤三七、马德拉藤、藤七

分类地位:落葵科 Basellaceae 落葵薯属 *Anredera*

危害或风险等级:重度

性状描述:缠绕藤本,长可达数米。根状茎粗壮。叶具短柄,叶片卵形至近圆形,顶端急尖,基部圆形或心形,稍肉质,腋生小块茎(珠芽)。总状花序具多花,花序轴纤细,下垂;苞片狭,不超过花梗长度,宿存;花托顶端杯状,花常由此脱落;下面1对小苞片宿存,宽三角形,急尖,透明,上面1对小苞片淡绿色,比花被短,宽椭圆形至近圆形;花直径约5 mm;花被片白色,渐变黑,开花时张开,卵形、长圆形至椭圆形,顶端钝圆;雄蕊白色,花丝顶端在芽中反折,开花时伸出花外;花柱白色,分裂成3个柱头臂,每臂具1棍棒状或宽椭圆形柱头。果实、种子未见。花期6—10月。

生境:林缘、河(江)岸、沟谷、路旁、花坛绿地、荒地、农田、林下、房前屋后、湖边等

原产地:美洲

重庆分布:各区县均有分布

①

❶居群 ❷叶 ❸花序 ❹珠芽

17. 蝇子草 *Silene gallica* L.

别名：西欧蝇子草、白花蝇子草、胀萼蝇子草

分类地位：石竹科 Caryophyllaceae 蝇子草属 *Silene*

危害或风险等级：轻度

性状描述：一年生草本，高 15—45 cm，全株被柔毛。茎单生，直立或上升，不分枝或分枝，被短柔毛和腺毛。叶片长圆状匙形或披针形，顶端圆或钝，有时急尖，两面被柔毛和腺毛。单歧式总状花序；苞片披针形，草质；花萼卵形，长约 8 mm，直径约 2 mm，被稀疏长柔毛和腺毛，纵脉顶端多少连结，萼齿线状披针形，顶端急尖，被腺毛；雌雄蕊柄几无；花瓣淡红色至白色，爪倒披针形，无毛，无耳，瓣片露出花萼，卵形或倒卵形，全缘，有时微凹缺；副花冠片小，线状披针形；雄蕊不外露或微外露，花丝下部具缘毛。蒴果卵形，比宿存萼微短或近等长；种子肾形，两侧耳状凹，暗褐色。花期 5—6 月，果期 6—7 月。

生境：路边、农田、荒地、林下等

原产地：欧洲

重庆分布：黔江区、酉阳县、彭水县等

❶居群 ❷花(正面) ❸花(侧面) ❹花枝 ❺茎和叶

18. 鹅肠菜 *Myosoton aquaticum*（L.）Moench

别名:鹅儿肠、大鹅儿肠、石灰菜、鹅肠草、牛繁缕

分类地位:石竹科 Caryophyllaceae 鹅肠菜属 *Myosoton*

危害或风险等级:轻度

性状描述:二年生或多年生草本，具须根。茎上升，多分枝，长50—80 cm，上部被腺毛。叶片卵形或宽卵形，顶端急尖，基部稍心形，有时边缘具毛；叶柄长5—15 mm，上部叶常无柄或具短柄，疏生柔毛。顶生二歧聚伞花序；苞片叶状，边缘具腺毛；花梗细，花后伸长并向下弯，密被腺毛；萼片卵状披针形或长卵形，顶端较钝，边缘狭膜质，外面被腺柔毛，脉纹不明显；花瓣白色，2深裂至基部，裂片线形或披针状线形；雄蕊10，稍短于花瓣；子房长圆形，花柱短，线形。蒴果卵圆形，稍长于宿存萼；种子近肾形，稍扁，褐色，具小疣。花期5—8月，果期6—9月。

生境:花坛、路边、荒地、林下、农田等

原产地:欧洲

重庆分布:各区县均有分布

❶居群 ❷花 ❸茎和叶

19. 荠 *Capsella bursa-pastoris* (L.) Medik.

别名：荠菜、菱角菜

分类地位：十字花科 Brassicaceae 荠属 *Capsella*

危害或风险等级：轻度

性状描述：一年或二年生草本，高（7—）10—50 cm，无毛、有单毛或分叉毛；茎直立，单一或从下部分枝。基生叶丛生呈莲座状，大头羽状分裂，顶裂片卵形至长圆形，侧裂片3—8对，长圆形至卵形，顶端渐尖，浅裂，或有不规则粗锯齿或近全缘；茎生叶窄披针形或披针形，基部箭形，抱茎，边缘有缺刻或锯齿。总状花序顶生及腋生，果期延长达20 cm；萼片长圆形；花瓣白色，卵形，有短爪。短角果倒三角形或倒心状三角形，扁平，无毛，顶端微凹，裂瓣具网脉。种子2行，长椭圆形，浅褐色。花果期4—6月。

生境：荒地、路边、农田、花坛绿地、林下、宅屋前后、河岸、苗圃等

原产地：亚洲

重庆分布：各区县均有分布

❶植株 ❷果序

20. 豆瓣菜 *Nasturtium officinale* R. Br.

别名:西洋菜、水田芥、水蔊菜

分类地位:十字花科 Brassicaceae 豆瓣菜属 *Nasturtium*

危害或风险等级:轻度

性状描述:多年生水生草本,高20—40 cm,全体光滑无毛。茎匍匐或浮水生,多分枝,节上生不定根。单数羽状复叶,小叶片3—7(—9)枚,宽卵形、长圆形或近圆形,顶端1片较大,钝头或微凹,近全缘或呈浅波状,基部截平,小叶柄细而扁,侧生小叶与顶生的相似,基部不等称,叶柄基部成耳状,略抱茎。总状花序顶生,花多数;萼片长卵形,边缘膜质,基部略呈囊状;花瓣白色,倒卵形或宽匙形,具脉纹,顶端圆,基部渐狭成细爪。长角果圆柱形而扁;果柄纤细,开展或微弯;花柱短。种子每室2行。卵形,红褐色,表面具网纹。花期4—5月,果期6—7月。

生境:林下、林缘、花坛绿地、路边等

原产地:欧洲

重庆分布:各区县均有分布

②

③

❶居群 ❷羽状复叶(正面) ❸羽状复叶(背面) ❹根 ❺花序

21. 落地生根 *Bryophyllum pinnatum*（L. f.）Oken

别名: 打不死

分类地位: 景天科 Crassulaceae 落地生根属 *Bryophyllum*

危害或风险等级: 轻度

性状描述: 多年生草本，高 40—150 cm；茎有分枝。羽状复叶，小叶长圆形至椭圆形，先端钝，边缘有圆齿，圆齿底部容易生芽，芽长大后落地即成一新植物。圆锥花序顶生；花下垂，花萼圆柱形；花冠高脚碟形，基部稍膨大，向上成管状，裂片 4，卵状披针形，淡红色或紫红色；雄蕊 8，着生花冠基部，花丝长；鳞片近长方形；心皮 4。蓇葖包在花萼及花冠内；种子小，有条纹。花期 1—3 月。

生境: 河岸、沟谷、路旁、宅旁、花坛绿地、荒地、农田等

原产地: 非洲

重庆分布: 涪陵区、九龙坡区、巴南区、长寿区、江津区、合川区、永川区、南川区、綦江区、璧山区、铜梁区、潼南区、荣昌区、忠县等

❶花 ❷花枝 ❸植株

22. 黑荆 *Acacia mearnsii* De Wild.

别名:澳洲金合欢、黑儿茶

分类地位:豆科 Fabaceae 金合欢属 *Acacia*

危害或风险等级:中度

性状描述:乔木,高9—15 m;小枝有棱,被灰白色短绒毛。二回羽状复叶,嫩叶被金黄色短绒毛,成长叶被灰色短柔毛;羽片8—20对,每对羽片着生处附近及叶轴的其他部位都具有腺体;小叶30—40对,排列紧密,线形,边缘、下面,有时两面均被短柔毛。头状花序圆球形,直径6—7 mm,在叶腋排成总状花序或在枝顶排成圆锥花序;花序轴被黄色、稠密的短绒毛。花淡黄或白色。荚果长圆形,扁压,于种子间略收窄,被短柔毛,老时黑色;种子卵圆形,黑色,有光泽。花期6月;果期8月。

生境:路边、荒地、林下、林缘、花坛、高速公路旁等

原产地:大洋洲

重庆分布:各区县均有分布

❶花枝 ❷花序 ❸茎 ❹羽状复叶

23. 龙牙花 *Erythrina corallodendron* L.

别名：刺桐、珊瑚刺桐、珊瑚树、象牙红

分类地位：豆科 Fabaceae 刺桐属 *Erythrina*

危害或风险等级：轻度

性状描述：灌木或小乔木，高 3—5 m。干和枝条散生皮刺。羽状复叶具 3 小叶；小叶菱状卵形，先端渐尖而钝或尾状，基部宽楔形，两面无毛，有时叶柄上和下面中脉上有刺。总状花序腋生；花深红色，具短梗，与花序轴成直角或稍下弯，狭而近闭合；花萼钟状，萼齿不明显，仅下面一枚稍突出；旗瓣长椭圆形，先端微缺，略具瓣柄至近无柄，翼瓣短，长 1.4 cm，龙骨瓣长 2.2 cm，均无瓣柄；雄蕊二体，不整齐，略短于旗瓣；子房有长子房柄，被白色短柔毛，花柱无毛。荚果具梗，先端有喙，在种子间收缢；种子多颗，深红色，有一黑斑。花期 6—11 月。

生境：路边、荒地、花坛、宅前屋后、林下、林缘、农田等

原产地：美洲

重庆分布：各区县均有分布

❶植株 ❷茎 ❸羽状复叶 ❹花序

24. 银合欢 *Leucaena leucocephala*（Lam.）de Wit

别名:白合欢、灰金合欢

分类地位:豆科 Fabaceae 银合欢属 *Leucaena*

危害或风险等级:轻度

性状描述:灌木或小乔木，高 2—6 m；幼枝被短柔毛，老枝无毛，具褐色皮孔，无刺；托叶三角形，小。羽片 4—8 对，长 5—9(—16) cm，叶轴被柔毛，在最下一对羽片着生处有黑色腺体 1 枚；小叶 5—15 对，线状长圆形，长 7—13 mm，宽 1.5—3.0 mm，先端急尖，基部楔形，边缘被短柔毛，中脉偏向小叶上缘，两侧不等宽。头状花序通常 1—2 个腋生，直径 2—3 cm；苞片紧贴，被毛，早落；总花梗长 2—4 cm；花白色；花萼长约 3 mm，顶端具 5 细齿，外面被柔毛；花瓣狭倒披针形，长约 5 mm，背被疏柔毛；雄蕊 10 枚，通常被疏柔毛，长约 7 mm；子房具短柄，上部被柔毛，柱头凹下呈杯状。荚果带状，长 10—18 cm，宽 1.4—2.0 cm，顶端凸尖，基部有柄，纵裂，被微柔毛；种子 6—25 颗，卵形，长约 7.5 mm，褐色，扁平，光亮。花期 4—7 月；果期 8—10 月。

生境:荒地、路边、农田、林下、花坛、林缘、房前、交通干道、湖边、城市绿化等

原产地:美洲

重庆分布:各区县均有分布

❶腺体　❷茎　❸羽状复叶　❹花序　❺植株

25. 苜蓿 *Medicago sativa* L.

别名: 紫苜蓿

分类地位: 豆科 Fabaceae 苜蓿属 *Medicago*

危害或风险等级: 轻度

性状描述: 多年生草本,高0.3—1 m。茎直立、丛生以至平卧,四棱形,无毛或微被柔毛。羽状三出复叶;托叶大,卵状披针形;叶柄比小叶短;小叶长卵形、倒长卵形或线状卵形,等大,或顶生小叶稍大,边缘1/3以上具锯齿,上面无毛,下面被贴伏柔毛,侧脉8—10对;顶生小叶柄比侧生小叶柄稍长。花序总状或头状,具5—10花;花序梗比叶长;苞片线状锥形,比花梗长或等长;花萼钟形,萼齿比萼筒长;花冠淡黄、深蓝或暗紫色,花瓣均具长瓣柄,旗瓣长圆形,明显长于翼瓣和龙骨瓣,龙骨瓣稍短于翼瓣;子房线形,具柔毛,花柱短宽,柱头点状,胚珠多数。荚果螺旋状,紧卷2—6圈,中央无孔或近无孔,脉纹细,不清晰,有10—20种子;种子卵圆形,平滑。

生境: 林下、林缘、河岸、沟谷、路旁、宅旁、花坛绿地、荒地、农田、苗圃、池塘等

原产地: 亚洲和欧洲

重庆分布: 大部分区县有分布

❶居群 ❷植株 ❸花枝

26. 白花草木樨 *Melilotus albus* Medik.

别名:白香草木蓿、白香草木犀、白甜车轴草

分类地位:豆科 Fabaceae 草木樨属 *Melilotus*

危害或风险等级:中度

性状描述:一年生或二年生草本,高 70—200 cm。茎直立,圆柱形,中空,多分枝,几无毛。羽状三出复叶;托叶尖刺状锥形,全缘;叶柄比小叶短,纤细;小叶长圆形或倒披针状长圆形,先端钝圆,基部楔形,边缘疏生浅锯齿,上面无毛,下面被细柔毛,侧脉 12—15 对,平行直达叶缘齿尖,两面均不隆起,顶生小叶稍大,具较长小叶柄,侧生小叶的小叶柄短。总状花序腋生,具花 40—100 朵,排列疏松;苞片线形;花梗短,长约 1.0—1.5 mm;萼钟形,微被柔毛,萼齿三角状披针形,短于萼筒;花冠白色,旗瓣椭圆形,稍长于翼瓣,龙骨瓣与翼瓣等长或稍短;子房卵状披针形,上部渐窄至花柱,无毛,胚珠 3—4 粒。荚果椭圆形至长圆形,先端锐尖,具尖喙,表面脉纹细,网状,棕褐色,老熟后变黑褐色;有种子 1—2 粒。种子卵形,棕色,表面具细瘤点。花期 5—7 月,果期 7—9 月。

生境:荒地、路边、林缘、花坛、房前、江(河、湖)岸等

原产地:亚洲和欧洲

重庆分布:大部分区县有分布

❶植株 ❷茎 ❸花序

27. 黄香草木樨 *Melilotus officinalis*（L.）Lam.

别名：白香草木樨、草木樨、辟汗草、黄花草木樨

分类地位：豆科 Fabaceae 草木樨属 *Melilotus*

危害或风险等级：轻度

性状描述：二年生草本，高 40—100（—250）cm。茎直立，粗壮，多分枝，具纵棱，微被柔毛。羽状三出复叶；托叶镰状线形，长 3—5（—7）mm，中央有 1 条脉纹，全缘或基部有 1 尖齿；叶柄细长；小叶倒卵形、阔卵形、倒披针形至线形，长 15—25（—30）mm，宽 5—15 mm，先端钝圆或截形，基部阔楔形，边缘具不整齐疏浅齿，上面无毛，粗糙，下面散生短柔毛，侧脉 8—12 对，平行直达齿尖，两面均不隆起，顶生小叶稍大，具较长的小叶柄，侧小叶的小叶柄短。总状花序长 6—15（—20）cm，腋生，具花 30—70 朵，初时稠密，花开后渐疏松，花序轴在花期中显著伸展；苞片刺毛状，长约 1 mm；花长 3.5—7.0 mm；花梗与苞片等长或稍长；萼钟形，长约 2 mm，脉纹 5 条，甚清晰，萼齿三角状披针形，稍不等长，比萼筒短；花冠黄色，旗瓣倒卵形，与翼瓣近等长，龙骨瓣稍短或三者均近等长；雄蕊筒在花后常宿存包于果外；子房卵状披针形，胚珠 4—8 粒，花柱长于子房。荚果卵形，长 3—5 mm，宽约 2 mm，先端具宿存花柱，表面具凹凸不平的横向细网纹，棕黑色；有种子 1—2 粒。种子卵形，长 2.5 mm，黄褐色，平滑。花期 5—9 月，果期 6—10 月。

生境：路边、荒地、农田、林下、林缘、城市绿化、花坛绿地、房前屋后、河（江）岸等

原产地：亚洲和欧洲

重庆分布：各区县均有分布

❶三出复叶 ❷花序 ❸居群

28. 含羞草 *Mimosa pudica* L.

别名：怕羞草、害羞草、怕丑草、呼喝草、知羞草

分类地位：豆科 Fabaceae 含羞草属 *Mimosa*

危害或风险等级：轻度

形状描述：披散、亚灌木状草本，高可达 1 m；茎圆柱状，具分枝，有散生、下弯的钩刺及倒生刺毛。托叶披针形，有刚毛。羽片和小叶触之即闭合而下垂；羽片通常 2 对，指状排列于总叶柄之顶端；小叶 10—20 对，线状长圆形，先端急尖，边缘具刚毛。头状花序圆球形，直径约 1 cm，具长总花梗，单生或 2—3 个生于叶腋；花小，淡红色，多数；苞片线形；花萼极小；花冠钟状，裂片 4，外面被短柔毛；雄蕊 4 枚，伸出于花冠之外；子房有短柄，无毛；胚珠 3—4 颗，花柱丝状，柱头小。荚果长圆形，长 1—2 cm，宽约 5 mm，扁平，稍弯曲，荚缘波状，具刺毛，成熟时荚节脱落，荚缘宿存；种子卵形，长 3.5 mm。花期 3—10 月；果期 5—11 月。

生境：花坛、荒地、农田、林下、路边、房前等

原产地：美洲

重庆分布：各区县均有分布

❶植株 ❷幼苗 ❸羽状复叶

29. 刺槐 *Robinia pseudoacacia* L.

别名: 洋槐、槐花、伞形洋槐、塔形洋槐

分类地位: 豆科 Fabaceae 刺槐属 *Robinia*

危害或风险等级: 轻度

性状描述: 落叶乔木,高10—25 m;树皮灰褐色至黑褐色,浅裂至深纵裂,稀光滑。小枝灰褐色,幼时有棱脊,微被毛,后无毛;具托叶刺;冬芽小,被毛。羽状复叶长10—25(—40) cm;叶轴上面具沟槽;小叶2—12对,常对生,椭圆形、长椭圆形或卵形,先端圆,微凹,具小尖头,基部圆至阔楔形,全缘,上面绿色,下面灰绿色,幼时被短柔毛,后变无毛;小托叶针芒状,总状花序腋生,下垂,花多数,芳香;苞片早落;花萼斜钟状,萼齿5,三角形至卵状三角形,密被柔毛;花冠白色,各瓣均具瓣柄,旗瓣近圆形,先端凹缺,基部圆,反折,内有黄斑,翼瓣斜倒卵形,与旗瓣几等长,基部一侧具圆耳,龙骨瓣镰状,三角形,与翼瓣等长或稍短,前缘合生,先端钝尖;雄蕊二体,对旗瓣的1枚分离;子房线形,无毛,花柱钻形,上弯,顶端具毛,柱头顶生。荚果褐色,或具红褐色斑纹,线状长圆形,扁平,先端上弯,具尖头,果颈短,沿腹缝线具狭翅;花萼宿存,有种子2—15粒;种子褐色至黑褐色,微具光泽,有时具斑纹,近肾形,种脐圆形,偏于一端。花期4—6月,果期8—9月。

①

生境: 路边、荒地、农田、林下、林缘、花坛、宅前屋后、交通干道等

原产地: 美洲

重庆分布: 各区县均有分布

❶植株　❷花序　❸茎　❹叶（正面）　❺叶（背面）

30. 双荚决明 *Senna bicapsularis* (L.) Roxb.

别名：金边黄槐、双荚黄槐、腊肠仔树

分类地位：豆科 Fabaceae 决明属 *Senna*

危害或风险等级：轻度

性状描述：直立灌木，多分枝，无毛。叶长 7—12 cm，有小叶 3—4 对；叶柄长 2.5—4.0 cm；小叶倒卵形或倒卵状长圆形，膜质，长 2.5—3.5 cm，宽约 1.5 cm，顶端圆钝，基部渐狭，偏斜，下面粉绿色，侧脉纤细，在近边缘处呈网结状；在最下方的一对小叶间有黑褐色线形而钝头的腺体 1 枚。总状花序生于枝条顶端的叶腋间，常集成伞房花序状，长度约与叶相等，花鲜黄色，直径约 2 cm；雄蕊 10 枚，7 枚能育，3 枚退化而无花药，能育雄蕊中有 3 枚特大，高出于花瓣，4 枚较小，短于花瓣。荚果圆柱状，膜质，直或微曲，长 13—17 cm，直径 1.6 cm，缝线狭窄；种子二列。花期 10—11 月，果期 11 月至翌年 3 月。

生境：路边、荒地、农田、林下、林缘、花坛、房前屋后、公园、交通干道等

原产地：美洲

重庆分布：各区县均有分布

❶植株 ❷羽状复叶（正面） ❸花枝 ❹羽状复叶（背面）

31.红车轴草 *Trifolium pratense* L.

别名:红三叶

分类地位:豆科 Fabaceae 车轴草属 *Trifolium*

危害或风险等级:轻度

性状描述:短期多年生草本,生长期2—5(—9)年。主根深入土层达1 m。茎粗壮,具纵棱,直立或平卧上升,疏生柔毛或秃净。掌状三出复叶;托叶近卵形,膜质,每侧具脉纹8—9条,基部抱茎,先端离生部分渐尖,具锥刺状尖头;叶柄较长,茎上部的叶柄短,被伸展毛或秃净;小叶卵状椭圆形至倒卵形,先端钝,有时微凹,基部阔楔形,两面疏生褐色长柔毛,叶面上常有"V"字形白斑,侧脉约15对,作20°角展开在叶边处分叉隆起,伸出形成不明显的钝齿;小叶柄短,长约1.5 mm。花序球状或卵状,顶生;无总花梗或具甚短总花梗,包于顶生叶的托叶内,托叶扩展成焰苞状,具花30—70朵,密集;几无花梗;萼钟形,被长柔毛,具脉纹10条,萼齿丝状,锥尖,比萼筒长,最下方1齿比其余萼齿长1倍,萼喉开张,具一多毛的加厚环;花冠紫红色至淡红色,旗瓣匙形,先端圆形,微凹缺,基部狭楔形,明显比翼瓣和龙骨瓣长,龙骨瓣稍比翼瓣短;子房椭圆形,花柱丝状细长,胚珠1—2粒。荚果卵形;通常有1粒扁圆形种子。花果期5—9月。

生境:路边、荒地、花坛绿地、宅前屋后、林下、林缘、农田、花园等

原产地:欧洲

重庆分布:各区县均有分布

①

②

③

❶花序 ❷三出复叶 ❸根 ❹茎 ❺居群

32. 白车轴草 *Trifolium repens* L.

别名:荷兰翘摇、白三叶、三叶草

分类地位:豆科 Fabaceae 车轴草属 *Trifolium*

危害或风险等级:轻度

性状描述:短期多年生草本,生长期达 5 年,高 10—30 cm。主根短,侧根和须根发达。茎匍匐蔓生,上部稍上升,节上生根,全株无毛。掌状三出复叶;托叶卵状披针形,膜质,基部抱茎成鞘状,离生部分锐尖;叶柄较长,长 10—30 cm;小叶倒卵形至近圆形,长 8—20(—30)mm,宽 8—16(—25)mm,先端凹头至钝圆,基部楔形渐窄至小叶柄,中脉在下面隆起,侧脉约 13 对,与中脉作 50°角展开,两面均隆起,近叶边分叉并伸达锯齿齿尖;小叶柄长 1.5 mm,微被柔毛。花序球形,顶生,直径 15—40 mm;总花梗甚长,比叶柄长近 1 倍,具花 20—50(—80)朵,密集;无总苞;苞片披针形,膜质,锥尖;花长 7—12 mm;花梗比花萼稍长或等长,开花立即下垂;萼钟形,具脉纹 10 条,萼齿 5,披针形,稍不等长,短于萼筒,萼喉开张,无毛;花冠白色、乳黄色或淡红色,具香气。旗瓣椭圆形,比翼瓣和龙骨瓣长近 1 倍,龙骨瓣比翼瓣稍短;子房线状长圆形,花柱比子房略长,胚珠 3—4 粒。荚果长圆形;种子通常 3 粒。种子阔卵形。花果期 5—10 月。

生境:路旁、花坛绿地、荒地、农田、房前屋后、林下、旅游步道两侧、池塘、河(沟)谷、林缘、交通干道、公园等

原产地:欧洲和非洲

重庆分布:各区县均有分布

❶花序 ❷掌状三出复叶(正面) ❸花序 ❹掌状三出复叶(背面) ❺居群

33. 红花酢浆草 *Oxalis corymbosa* Candolle

别名：多花酢浆草、紫花酢浆草、南天七、铜锤草、大酸味草

分类地位：酢浆草科 Oxalidaceae 酢浆草属 *Oxalis*

危害或风险等级：中度

性状描述：多年生直立草本。无地上茎，地下部分有球状鳞茎，外层鳞片膜质，褐色，背具3条肋状纵脉，被长缘毛，内层鳞片呈三角形，无毛。叶基生；叶柄长5—30 cm或更长，被毛；小叶3，扁圆状倒心形，长1—4 cm，宽1.5—6.0 cm，顶端凹入，两侧角圆形，基部宽楔形，表面绿色，被毛或近无毛；背面浅绿色，通常两面或有时仅边缘有干后呈棕黑色的小腺体，背面尤甚并被疏毛；托叶长圆形，顶部狭尖，与叶柄基部合生。总花梗基生，二歧聚伞花序，通常排列成伞形花序式，总花梗长10—40 cm或更长，被毛；花梗、苞片、萼片均被毛；花梗长5—25 mm，每一花梗有披针形干膜质苞片2枚；萼片5，披针形，长4—7 mm，先端有暗红色长圆形的小腺体2枚，顶部腹面被疏柔毛；花瓣5，倒心形，长1.5—2.0 cm，为萼长的2—4倍，淡紫色至紫红色，基部颜色较深；雄蕊10枚，长的5枚超出花柱，另5枚长至子房中部，花丝被长柔毛；子房5室，花柱5，被锈色长柔毛，柱头浅2裂。花、果期3—12月。

生境：荒地、田边、房前屋后、花坛绿地、河岸、沟谷、路边、林下、林缘、江边、湖边、苗圃等

原产地：美洲

重庆分布：各区县均有分布

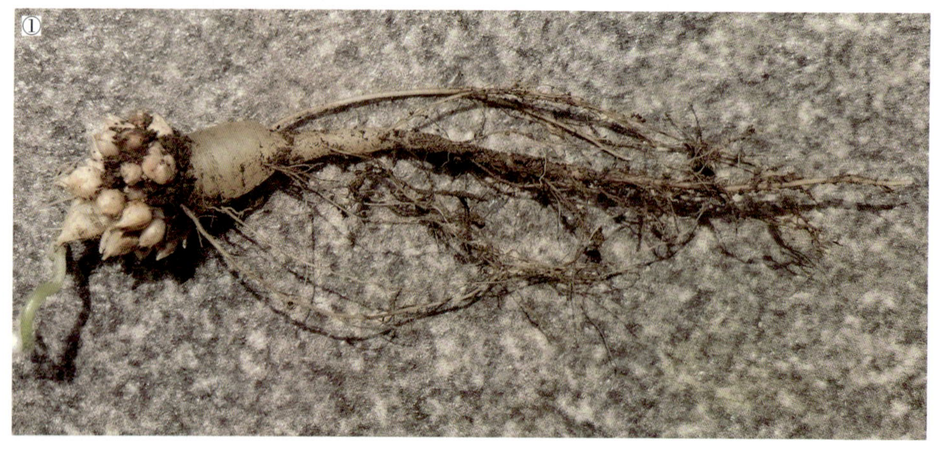
①

❶鳞茎 ❷居群 ❸花 ❹叶

34. 野老鹳草 *Geranium carolinianum* L.

别名: 无

分类地位: 牻牛儿苗科 Geraniaceae 老鹳草属 *Geranium*

危害或风险等级: 轻度

性状描述: 一年生草本,高20—60 cm,根纤细,单一或分枝,茎直立或仰卧,单一或多数,具棱角,密被倒向短柔毛。基生叶早枯,茎生叶互生或最上部对生;托叶披针形或三角状披针形,外被短柔毛;茎下部叶具长柄,柄长为叶片的2—3倍,被倒向短柔毛,上部叶柄渐短;叶片圆肾形,基部心形,掌状5—7裂近基部,裂片楔状倒卵形或菱形,下部楔形、全缘,上部羽状深裂,小裂片条状矩圆形,先端急尖,表面被短伏毛,背面主要沿脉被短伏毛。花序腋生和顶生,长于叶,被倒生短柔毛和开展的长腺毛,每总花梗具2花,顶生总花梗常数个集生,花序呈伞形状;花梗与总花梗相似,等于或稍短于花;苞片钻状,被短柔毛;萼片长卵形或近椭圆形,先端急尖,具长约1 mm尖头,外被短柔毛或沿脉被开展的糙柔毛和腺毛;花瓣淡紫红色,倒卵形,稍长于萼,先端圆形,基部宽楔形,雄蕊稍短于萼片,中部以下被长糙柔毛;雌蕊稍长于雄蕊,密被糙柔毛。蒴果被短糙毛,果瓣由喙上部先裂向下卷曲。花期4—7月,果期5—9月。

生境: 路边、农田、荒地、宅前屋后、花坛绿地、林下、林缘等

原产地: 美洲

重庆分布: 北碚区等

❶植株　❷花　❸叶　❹果　❺果序

35. 飞扬草 *Euphorbia hirta* L.

别名：飞相草、乳籽草、大飞扬

分类地位：大戟科 Euphorbiaceae 大戟属 *Euphorbia*

危害或风险等级：轻度

性状描述：一年生草本。根纤细，常不分枝，偶3—5分枝。茎单一，自中部向上分枝或不分枝，高30—60(70) cm，被褐色或黄褐色的多细胞粗硬毛。叶对生，披针状长圆形、长椭圆状卵形或卵状披针形，先端极尖或钝，基部略偏斜；边缘于中部以上有细锯齿，中部以下较少或全缘；叶面绿色，叶背灰绿色，有时具紫色斑，两面均具柔毛，叶背面脉上的毛较密；叶柄极短，长1—2 mm。花序多数，于叶腋处密集成头状，基部无梗或仅具极短的柄，变化较大，且具柔毛；总苞钟状，高与直径各约1 mm，被柔毛，边缘5裂，裂片三角状卵形；腺体4，近于杯状，边缘具白色附属物；雄花数枚，微达总苞边缘；雌花1枚，具短梗，伸出总苞之外；子房三棱状，被少许柔毛；花柱3，分离；柱头2浅裂。蒴果三棱状，被短柔毛，成熟时分裂为3个分果爿。种子近圆状四梭，每个棱面有数个纵槽，无种阜。花果期6—12月。

生境：路边、荒地、花坛绿地、宅前屋后、林下、林缘、农田、江(河、溪)岸等

原产地：美洲

重庆分布：各区县均有分布

①

②

③

❶花序 ❷茎叶 ❸居群 ❹植株

36. 斑地锦草 *Euphorbia maculata* L.

别名: 斑地锦

分类地位: 大戟科 Euphorbiaceae 大戟属 *Euphorbia*

危害或风险等级: 轻度

性状描述: 一年生草本。根纤细。茎匍匐,被白色疏柔毛。叶对生,长椭圆形至肾状长圆形,先端钝,基部偏斜,不对称,略呈渐圆形,边缘中部以下全缘,中部以上常具细小疏锯齿;叶面绿色,中部常具有一个长圆形的紫色斑点,叶背淡绿色或灰绿色,新鲜时可见紫色斑,干时不清楚,两面无毛;叶柄极短,长约1 mm;托叶钻状,不分裂,边缘具睫毛。花序单生于叶腋,基部具短柄,柄长1—2 mm;总苞狭杯状,外部具白色疏柔毛,边缘5裂,裂片三角状圆形;腺体4,黄绿色,横椭圆形,边缘具白色附属物。雄花4—5,微伸出总苞外;雌花1,子房柄伸出总苞外,且被柔毛;子房被疏柔毛;花柱短,近基部合生;柱头2裂。蒴果三角状卵形,被稀疏柔毛,成熟时易分裂为3个分果爿。种子卵状四棱形,灰色或灰棕色,每个棱面具5个横沟,无种阜。花果期4—9月。

生境: 路边、荒地、花坛绿地、宅前屋后、林下、林缘、农田、河岸、沟谷、苗圃、交通干道等

原产地: 美洲

重庆分布: 各区县均有分布

❶果枝 ❷叶

37. 蓖麻 *Ricinus communis* L.

别名：无

分类地位：大戟科 Euphorbiaceae 蓖麻属 *Ricinus*

危害或风险等级：轻度

性状描述：一年生粗壮草本或草质灌木，高达5 m；小枝、叶和花序通常被白霜，茎多液汁。叶轮廓近圆形，长和宽达40 cm或更大，掌状7—11裂，裂缺几达中部，裂片卵状长圆形或披针形，顶端急尖或渐尖，边缘具锯齿；掌状脉7—11条。网脉明显；叶柄粗壮，中空，顶端具2枚盘状腺体，基部具盘状腺体；托叶长三角形，早落。总状花序或圆锥花序；苞片阔三角形，膜质，早落；雄花花萼裂片卵状三角形；雄蕊束众多；雌花萼片卵状披针形，凋落；子房卵状，密生软刺或无刺，花柱红色，顶部2裂，密生乳头状突起。蒴果卵球形或近球形，果皮具软刺或平滑；种子椭圆形，微扁平，平滑，斑纹淡褐色或灰白色；种阜大。花期全年或6—9月（栽培）。

生境：荒地、林下、农田、路边、宅前屋后等

原产地：非洲

重庆分布：各区县均有分布

①

②

❶居群 ❷植株 ❸茎 ❹叶 ❺花序 ❻果序

38. 苘麻 *Abutilon theophrasti* Medik.

别名：苘、车轮草、磨盘草、桐麻、青麻

分类地位：锦葵科 Malvaceae 苘麻属 *Abutilon*

危害或风险等级：轻度

性状描述：一年生亚灌木状草本，高达1—2 m，茎枝被柔毛。叶互生，圆心形，先端长渐尖，基部心形，边缘具细圆锯齿，两面均密被星状柔毛；叶柄被星状细柔毛；托叶早落。花单生于叶腋，花梗被柔毛，近顶端具节；花萼杯状，密被短绒毛，裂片5，卵形；花黄色，花瓣倒卵形；雄蕊柱平滑无毛；心皮15—20，长1.0—1.5 cm，顶端平截，具扩展、被毛的长芒2，排列成轮状，密被软毛。蒴果半球形，分果爿15—20，被粗毛，顶端具长芒2；种子肾形，褐色，被星状柔毛。花期7—8月。

生境：荒地、路边、房前、林缘、林下、农田等

原产地：亚洲

重庆分布：大部分区县有分布

❶花 ❷叶（正面） ❸叶（背面）

39.野西瓜苗 *Hibiscus trionum* L.

别名:火炮草、黑芝麻、小秋葵、灯笼花、香铃草

分类地位:锦葵科 Malvaceae 木槿属 *Hibiscus*

危害或风险等级:轻度

性状描述:一年生直立或平卧草本,高25—70 cm,茎柔软,被白色星状粗毛。叶二型,下部的叶圆形,不分裂,上部的叶掌状3—5深裂,直径3—6 cm,中裂片较长,两侧裂片较短,裂片倒卵形至长圆形,通常羽状全裂,上面疏被粗硬毛或无毛,下面疏被星状粗刺毛;叶柄被星状粗硬毛和星状柔毛;托叶线形,被星状粗硬毛。花单生于叶腋,花梗被星状粗硬毛;小苞片12,线形,被粗长硬毛,基部合生;花萼钟形,淡绿色,被粗长硬毛或星状粗长硬毛,裂片5,膜质,三角形,具纵向紫色条纹,中部以上合生;花淡黄色,内面基部紫色,花瓣5,倒卵形,外面疏被极细柔毛;雄蕊柱长约5 mm,花丝纤细,花药黄色;花柱枝5,无毛。蒴果长圆状球形,被粗硬毛,果爿5,果皮薄,黑色;种子肾形,黑色,具腺状突起。花期7—10月。

生境:路边等

原产地:非洲

重庆分布:秀山县等

❶植株 ❷叶 ❸花苞 ❹花

40. 仙人掌 *Opuntia dillenii*（Ker Gawl.）Haw.

别名：无

分类地位：仙人掌科 Cactaceae 仙人掌属 *Opuntia*

危害或风险等级：轻度

性状描述：丛生肉质灌木，高(1.0—)1.5—3.0 m。上部分枝宽倒卵形、倒卵状椭圆形或近圆形，长 10—35(—40) cm，宽 7.5—20.0(—25.0) cm，厚达 1.2—2.0 cm，先端圆形，边缘通常不规则波状，基部楔形或渐狭，绿色至蓝绿色，无毛；小窠疏生，直径 0.2—0.9 cm，明显突出，成长后刺常增粗并增多，每小窠具(1—) 3—10 (—20)根刺，密生短绵毛和倒刺刚毛；刺黄色，有淡褐色横纹，粗钻形，多少开展并内弯，基部扁，坚硬，长 1.2—4.0(—6.0) cm，宽 1.0—1.5 mm；倒刺刚毛暗褐色，长 2—5 mm，直立，多少宿存；短绵毛灰色，短于倒刺刚毛，宿存。叶钻形，长 4—6 mm，绿色，早落。花辐状，直径 5.0—6.5 cm；花托倒卵形，长 3.3—3.5 cm，直径 1.7—2.2 cm，顶端截形并凹陷，基部渐狭，绿色，疏生突出的小窠，小窠具短绵毛、倒刺刚毛和钻形刺；萼状花被片宽倒卵形至狭倒卵形，长 10—25 mm，宽 6—12 mm，先端急尖或圆形，具小尖头，黄色，具绿色中肋；瓣状花被片倒卵形或匙状倒卵形，长 25—30 mm，宽 12—23 mm，先端圆形、截形或微凹，边缘全缘或浅啮蚀状；花丝淡黄色，长 9—11 mm；花药长约 1.5 mm，黄色；花柱长 11—18 mm，直径 1.5—2.0 mm，淡黄色；柱头 5，长 4.5—5.0 mm，黄白色。浆果倒卵球形，顶端凹陷，基部多少狭缩成柄状，长 4—6 cm，直径 2.5—4.0 cm，表面平滑无毛，紫红色，每侧具 5—10 个突起的小窠，小窠具短绵毛、倒刺刚毛和钻形刺。种子多数，扁圆形，长 4—6 mm，宽 4.0—4.5 mm，厚约 2 mm，边缘稍不规则，无毛，淡黄褐色。花期 6—10(—12)月。与梨果仙人掌的不同在于刺 1—5，针状，直立或开展，直伸或略弯曲；分枝淡绿至灰绿色，无光泽，厚而平坦，基部圆形或宽楔形；小窠垫状，无刺或具 1—5 根开展的针状至刚毛状白色刺；瓣状花被片橙黄、深黄或橙红色；花丝淡黄色；柱头 6—10；浆果每侧具 25—35 个小窠。

生境：路边、宅前屋后、花坛绿地、农田、荒地、林下、林缘等

原产地：美洲

重庆分布：各区县均有分布

❶植株 ❷花

41. 梨果仙人掌 *Opuntia ficus-indica*（L.）Mill.

别名：仙桃

分类地位：仙人掌科 Cactaceae 仙人掌属 *Opuntia*

危害或风险等级：轻度

性状描述：肉质灌木或小乔木，高 1.5—5.0 m，有时基部具圆柱状主干。分枝多数，淡绿色至灰绿色，无光泽，宽椭圆形、倒卵状椭圆形至长圆形，先端圆形，边缘全缘，基部圆形至宽楔形，表面平坦，无毛，具多数小窠；小窠圆形至椭圆形，略呈垫状，具早落的短绵毛和少数倒刺刚毛，通常无刺，有时具 1—6 根开展的白色刺；刺针状，基部略背腹扁，稍弯曲，长 0.3—3.2 cm，宽 0.2—1.0 mm；短绵毛淡灰褐色，早落；倒刺刚毛黄色，易脱落。叶锥形，绿色，早落。花辐状；花托长圆形至长圆状倒卵形，先端截形并凹陷，绿色，具多数垫状小窠，小窠密被短绵毛和黄色的倒刺刚毛，无刺或具少数刚毛状细刺；萼状花被片深黄色或橙黄色，具橙黄色或橙红色中肋，宽卵圆形或倒卵形，先端圆形或截形，有时具骤尖头，边缘全缘或有小牙齿；瓣状花被片深黄色、橙黄色或橙红色，倒卵形至长圆状倒卵形，先端截形至圆形，有时具小尖头或微凹，边缘全缘或啮蚀状；花丝淡黄色；花药黄色；花柱淡绿色至黄白色；柱头（6—）7—10，黄白色。浆果椭圆球形至梨形，顶端凹陷，表面平滑无毛，橙黄色（有些品种呈紫红色、白色或黄色，或兼有黄色或淡红色条纹），每侧有 25—35 个小窠，小窠有少数倒刺刚毛，无刺或有少数细刺。种子多数，肾状椭圆形，边缘较薄，无毛，淡黄褐色。花期 5—6 月。与仙人掌的不同在于刺（1—）3—10，粗钻形，多少开展，内弯，黄色，具淡褐色横斑；瓣状花被片柠檬黄色；柱头 5；浆果每侧具 5—10 个具钻形刺的小窠。

生境：宅旁、路边、花坛绿地等

原产地：美洲

重庆分布：大部分区县有分布

①

②

❶花(侧面) ❷花(正面) ❸❹花序 ❺植株

42. 桉属 *Eucalyptus* spp.

别名:桉

分类地位:桃金娘科 Myrtaceae 桉属 *Eucalyptus*

危害或风险等级:中度

性状描述:乔木或灌木,常有含鞣质的树脂。叶片多为革质,多型性,幼态叶与成长叶常截然两样,还有过渡型叶,幼态叶多为对生,3至多对,有短柄或无柄或兼有腺毛;成熟叶片常为革质,互生,全缘,具柄,阔卵形或狭披针形,常为镰状,侧脉多数,有透明腺点,具边脉。花数朵排成伞形花序,腋生或多枝集成顶生或腋生圆锥花序,白色,少数为红色或黄色;有花梗或缺;萼管钟形、倒圆锥形或半球形,先端常为平截;花瓣与萼片合生成一帽状体或彼此不结合而有2层帽状体,花开放时帽状体整个脱落;雄蕊多数,多列,常分离,着生于花盘上,花药基部及背部着生,药室2个,平行或分离,椭圆形、卵形、心形或分叉,纵裂,偶有孔裂,位于外围的雄蕊常有缺花药的;子房与萼管合生,顶端多少隆起,3—6室,胚珠极多,花柱不分裂。蒴果全部或下半部藏于扩大的萼管里,当上半部突出萼管时常形成果瓣,常裂开为3—6爿,当花盘也扩大而突出萼管时则形成果缘,果瓣位于果缘的顶端;种子极多,大部分发育不全,发育种子卵形或有角,种皮坚硬,有时扩大成翅。重庆现有大量栽培的桉树主要为尾巨桉(*Eucalyptus urophylla*×*E. grandis*)、巨尾桉(*Eucalyptus grandis*×*E. urophylla*)和柳叶桉(*Eucalyptus saligna*)。

生境:林下、路边、荒地、林缘、河边、林中、田边、山坡、房前、花坛等

原产地:大洋洲

重庆分布:各区县均有分布

②

❶居群 ❷植株 ❸树皮 ❹叶

43. 月见草 *Oenothera biennis* L.

别名:夜来香、山芝麻

分类地位:柳叶菜科 Onagraceae 月见草属 *Oenothera*

危害或风险等级:轻度

性状描述:直立二年生粗壮草本,基生莲座叶丛紧贴地面;茎高50—200 cm,不分枝或分枝,被曲柔毛与伸展长毛(毛的基部疱状),在茎枝上端常混生有腺毛。基生叶倒披针形,先端锐尖,基部楔形,边缘疏生不整齐的浅钝齿,侧脉每侧12—15条,两面被曲柔毛与长毛。茎生叶椭圆形至倒披针形,先端锐尖至短渐尖,基部楔形,边缘每边有5—19枚稀疏钝齿,侧脉每侧6—12条,每边两面被曲柔毛与长毛,尤茎上部的叶下面与叶缘常混生有腺毛。花序穗状,不分枝,或在主序下面具次级侧生花序;苞片叶状,芽时长及花的1/2,长大后椭圆状披针形,自下向上由大变小,近无柄,果时宿存,花蕾锥状长圆形,顶端具长约3 mm的喙;花管黄绿色或开花时带红色,被混生的柔毛、伸展的长毛与短腺毛;花后脱落;萼片绿色,有时带红色,长圆状披针形,先端骤缩成尾状,在芽时直立,彼此靠合,开放时自基部反折,但又在中部上翻,毛被同花管;花瓣黄色,稀淡黄色,宽倒卵形,先端微凹缺;花丝近等长;花粉约50%发育;子房绿色,圆柱状,具4棱,密被伸展长毛与短腺毛,有时混生曲柔毛;花柱长3.5—5.0 cm,伸出花管部分长0.7—1.5 cm;柱头围以花药。开花时花粉直接授在柱头裂片上,裂片长3—5 mm。蒴果锥状圆柱形,向上变狭,直立。绿色,毛被同子房,但渐变稀疏,具明显的棱。种子在果中呈水平状排列,暗褐色,棱形,具棱角,各面具不整齐洼点。花期6—8月,果期8—9月。与黄花月见草的不同在于柱头围以花药;花瓣长2.5—3.0 cm。

生境:宅前屋后、路边、花坛等

原产地:北美洲

重庆分布:长寿区、南川区、綦江区、大足区、武隆区等

❶居群 ❷花序 ❸花

44. 黄花月见草 *Oenothera glazioviana* Mich.

别名:月见草、红萼月见草

分类地位:柳叶菜科 Onagraceae 月见草属 *Oenothera*

危害或风险等级:轻度

性状描述:直立二年生至多年生草本,具粗大主根;茎高 70—150 cm,不分枝或分枝,常密被曲柔毛与疏生伸展长毛(毛基红色疱状),在茎枝上部常密混生短腺毛。基生叶莲座状,倒披针形,先端锐尖或稍钝,基部渐狭并下延为翅,边缘自下向上有远离的浅波状齿,侧脉 5—8 对,白色或红色,上部深绿色至亮绿色,两面被曲柔毛与长毛;叶柄长 3—4 cm;茎生叶螺旋状互生,狭椭圆形至披针形,自下向上变小,先端锐尖或稍钝,基部楔形,边缘疏生远离的齿突,侧脉 8—12 对,毛被同基生叶的;叶柄长 2—15 mm,向上变短。花序穗状,生茎枝顶,密生曲柔毛、长毛与短腺毛;苞片卵形至披针形,无柄,毛被同花序上的。花蕾锥状披针形,斜展,顶端具长约 6 mm 的喙;花管疏被曲柔毛、长毛与腺毛;萼片黄绿色,狭披针形,先端尾状,彼此靠合,开花时反折,毛被同花管的,但较密;花瓣黄色,宽倒卵形,先端钝圆或微凹;花丝近等长;花粉约 50% 发育;子房绿色,圆柱状,具 4 棱,毛被同萼片上的;花柱长 5—8 cm,伸出花管部分长 2.0—3.5 cm;柱头开花时伸出花药,裂片长 5—8 mm。蒴果锥状圆柱形,向上变狭,具纵棱与红色的槽,毛被同子房,但较稀疏。种子棱形,褐色,具棱角,各面具不整齐洼点,有约一半败育。花期 5—10 月,果期 8—12 月。与月见草的不同在于柱头高过花药;花瓣长 4—5 cm。

生境:荒地、花坛、路边、房前屋后、农田等

原产地:南美洲

重庆分布:南川区、城口县、奉节县、巫山县、秀山县等

❶叶(正面) ❷叶(背面) ❸植株 ❹花序 ❺花(正面) ❻花(侧面)

45.粉花月见草 *Oenothera rosea* L' Hér. ex Ait.

别名:无

分类地位:柳叶菜科 Onagraceae 月见草属 *Oenothera*

危害或风险等级:轻度

性状描述:多年生草本,具粗大主根(粗达 1.5 cm);茎常丛生,上升,长 30—50 cm,多分枝,被曲柔毛,上部幼时密生,有时混生长柔毛,下部常紫红色。基生叶紧贴地面,倒披针形,先端锐尖或钝圆,自中部渐狭或骤狭,并不规则羽状深裂下延至柄;叶柄淡紫红色,开花时基生叶枯萎。茎生叶灰绿色,披针形(轮廓)或长圆状卵形,先端下部的钝状锐尖,中上部的锐尖至渐尖,基部宽楔形并骤缩下延至柄,边缘具齿突,基部细羽状裂,侧脉 6—8 对,两面被曲柔毛。花单生于茎、枝顶部叶腋,近早晨日出开放;花蕾绿色,锥状圆柱形,顶端萼齿紧缩成喙;花管淡红色,被曲柔毛,萼片绿色,带红色,披针形,先端萼齿长 1.0—1.5 mm,背面被曲柔毛,开花时反折再向上翻;花瓣粉红至紫红色,宽倒卵形,先端钝圆,具 4—5 对羽状脉;花丝白色至淡紫红色;花药粉红色至黄色,长圆状线形,花粉约 50% 发育;子房花期狭椭圆状,密被曲柔毛;花柱白色;柱头红色,围以花药,裂片长约 2 mm,花粉直接授在裂片上。蒴果棒状,具 4 条纵翅,翅间具棱,顶端具短喙。种子每室多数,近横向簇生,长圆状倒卵形。花期 4—11 月,果期 9—12 月。

①

生境:花坛、路旁等

原产地:美洲

重庆分布:大部分区县有分布

❶❷花　❸茎　❹❺植株

46. 粉绿狐尾藻 *Myriophyllum aquaticum*（Vell.）Verdc.

别名：大聚藻

分类地位：小二仙草科 Haloragaceae 狐尾藻属 *Myriophyllum*

危害或风险等级：中度

性状描述：多年生挺水或沉水草本，植株长度 50—80 cm；茎上部直立，下部具有沉水性；叶轮生，多为 5 叶轮生，叶片圆扇形，一回羽状，两侧有 8—10 片淡绿色的丝状小羽片；雌雄异株，穗状花序，白色；分果；花期 7—8 月。

生境：池塘、河(江)岸、塘坝、河(沟)谷、农田、花坛等

原产地：美洲

重庆分布：大部分区县有分布

❶居群　❷植株　❸叶

47.野胡萝卜 *Daucus carota* L.

别名：无

分类地位：伞形科 Apiaceae 胡萝卜属 *Daucus*

危害或风险等级：中度

性状描述：二年生草本，高15—120 cm。茎单生，全体有白色粗硬毛。基生叶薄膜质，长圆形，二至三回羽状全裂，末回裂片线形或披针形，长2—15 mm，宽0.5—4.0 mm，顶端尖锐，有小尖头，光滑或有糙硬毛；叶柄长3—12 cm；茎生叶近无柄，有叶鞘，末回裂片小或细长。复伞形花序，花序梗长10—55 cm，有糙硬毛；总苞有多数苞片，呈叶状，羽状分裂，少有不裂的，裂片线形，长3—30 mm；伞幅多数，长2.0—7.5 cm，结果时外缘的伞幅向内弯曲；小总苞片5—7，线形，不分裂或2—3裂，边缘膜质，具纤毛；花通常白色，有时带淡红色；花柄不等长，长3—10 mm。果实圆卵形，长3—4 mm，宽2 mm，棱上有白色刺毛。花期5—7月。

生境：荒地、路边、林缘、林下、田边、房前屋后、花坛、河边、旅游步道两侧、河（沟）谷、塘坝、江边、公园、交通干道等

原产地：欧洲

重庆分布：各区县均有分布

❶茎 ❷叶 ❸花序 ❹居群

48. 金灯藤 *Cuscuta japonica* Choisy

别名：无量藤、天蓬草、飞来花、黄丝藤、金丝草、大粒菟丝子、红雾水藤、雾水藤、红无根藤、无头藤、金丝藤、山老虎、无根草、飞来藤、无根藤、金灯笼、无娘藤、菟丝子、大菟丝子、日本菟丝子

分类地位：旋花科 Convolvulaceae 菟丝子属 *Cuscuta*

危害或风险等级：重度

性状描述：一年生寄生缠绕草本，茎较粗壮，肉质，黄色，常带紫红色瘤状斑点，无毛，多分枝，无叶。花无柄或几无柄，形成穗状花序，长达 3 cm，基部常多分枝；苞片及小苞片鳞片状，卵圆形，长约 2 mm，顶端尖，全缘，沿背部增厚；花萼碗状，肉质，5 裂几达基部，裂片卵圆形或近圆形，相等或不相等，顶端尖，背面常有紫红色瘤状突起；花冠钟状，淡红色或绿白色，顶端 5 浅裂，裂片卵状三角形，钝，直立或稍反折，短于花冠筒 2.0—2.5 倍；雄蕊 5，着生于花冠喉部裂片之间，花药卵圆形，黄色，花丝无或几无；鳞片 5，长圆形，边缘流苏状，着生于花冠筒基部，伸长至冠筒中部或中部以上；子房球状，平滑，无毛，2 室，花柱细长，合生为 1，与子房等长或稍长，柱头 2 裂。蒴果卵圆形，近基部周裂。种子 1—2 个，光滑，褐色。花期 8 月，果期 9 月。

①

生境：荒地、花坛、路边、林缘、林下、农田、房前屋后、河(江)岸、树上等

原产地：亚洲

重庆分布：各区县均有分布

❶茎　❷居群　❸植株

49. 牵牛 *Ipomoea nil*（L.）Roth

别名：裂叶牵牛、勤娘子、大牵牛花、筋角拉子、喇叭花、牵牛花、朝颜、二牛子、二丑

分类地位：旋花科 Convolvulaceae 番薯属 *Ipomoea*

危害或风险等级：轻度

性状描述：一年生缠绕草本，茎上被倒向的短柔毛及杂有倒向或开展的长硬毛。叶宽卵形或近圆形，深或浅的3裂，偶5裂，基部圆，心形，中裂片长圆形或卵圆形，渐尖或骤尖，侧裂片较短，三角形，裂口锐或圆，叶面或疏或密被微硬的柔毛；叶柄长2—15 cm，毛被同茎。花腋生，单一或通常2朵着生于花序梗顶，花序梗长短不一，通常短于叶柄，有时较长，毛被同茎；苞片线形或叶状，被开展的微硬毛；小苞片线形；萼片近等长，披针状线形，内面2片稍狭，外面被开展的刚毛，基部更密，有时也杂有短柔毛；花冠漏斗状，蓝紫色或紫红色，花冠管色淡；雄蕊及花柱内藏；雄蕊不等长；花丝基部被柔毛；子房无毛，柱头头状。蒴果近球形，3瓣裂。种子卵状三棱形，黑褐色或米黄色，被褐色短绒毛。花期6—9月，果期9—10月。与圆叶牵牛的不同在于叶片通常3裂；外萼片披针状线形，长2.0—2.5 cm。

生境：林下、路边、花坛、房前屋后、公园、校园等

原产地：南美洲

重庆分布：大部分区县有分布

①

❶叶(正面) ❷居群 ❸花 ❹叶(正面)

50. 圆叶牵牛 *Ipomoea purpurea*（L.）Roth

别名：紫花牵牛、打碗花、连簪簪、牵牛花、心叶牵牛、重瓣圆叶牵牛

分类地位：旋花科 Convolvulaceae 番薯属 *Ipomoea*

危害或风险等级：轻度

性状描述：一年生缠绕草本，茎上被倒向的短柔毛杂有倒向或开展的长硬毛。叶圆心形或宽卵状心形，基部圆，心形，顶端锐尖、骤尖或渐尖，通常全缘，偶有3裂，两面疏或密被刚伏毛；叶柄长2—12 cm，毛被与茎同。花腋生，单一或2—5朵着生于花序梗顶端成伞形聚伞花序，花序梗比叶柄短或近等长，毛被与茎相同；苞片线形，被开展的长硬毛；花梗被倒向短柔毛及长硬毛；萼片近等长，外面3片长椭圆形，渐尖，内面2片线状披针形，外面均被开展的硬毛，基部更密；花冠漏斗状，紫红色、红色或白色，花冠管通常白色，瓣中带于内面色深，外面色淡；雄蕊与花柱内藏；雄蕊不等长，花丝基部被柔毛；子房无毛，3室，每室2胚珠，柱头头状；花盘环状。蒴果近球形，3瓣裂。种子卵状三棱形，黑褐色或米黄色，被极短的糠秕状毛。花期5—10月，果期8—11月。与牵牛的不同在于叶片通常全缘；外萼片长椭圆形，渐尖，长1.1—1.6 cm。

生境：荒地、路边、农田、林下、花坛绿地、林缘、宅旁等

原产地：南美洲

重庆分布：大部分区县有分布

①

②

③

④

❶花苞 ❷花 ❸叶 ❹居群

51. 聚合草 *Symphytum officinale* L.

别名：友谊草、爱国草

分类地位：紫草科 Boraginaceae 聚合草属 *Symphytum*

危害或风险等级：轻度

性状描述：丛生型多年生草本，高 30—90 cm，全株被向下稍弧曲的硬毛和短伏毛。根发达、主根粗壮，淡紫褐色。茎数条，直立或斜升，有分枝。基生叶通常 50—80 片，最多可达 200 片，具长柄，叶片带状披针形、卵状披针形至卵形，长 30—60 cm，宽 10—20 cm，稍肉质，先端渐尖；茎中部和上部叶较小，无柄，基部下延。花序含多数花；花萼裂至近基部，裂片披针形，先端渐尖；花冠淡紫色、紫红色至黄白色，裂片三角形，先端外卷，喉部附属物披针形，不伸出花冠檐；花药顶端有稍突出的药隔，花丝下部与花药近等宽；子房通常不育，偶尔个别花内成熟 1 个小坚果。小坚果歪卵形，黑色，平滑，有光泽。花期 5—10 月。

生境：路边、农田、荒地、林下、宅前屋后、河岸、沟谷等

原产地：亚洲和欧洲

重庆分布：大部分区县有分布

①

②

❶花序(正面) ❷花序(侧面) ❸根 ❹茎 ❺居群

52. 假连翘 *Duranta erecta* L.

别名：金露华、金露花、篱笆树、花墙刺、洋刺、番仔刺、莲荞

分类地位：马鞭草科 Verbenaceae 假连翘属 *Duranta*

危害或风险等级：轻度

性状描述：灌木，高 1.5—3.0 m；枝条有皮刺，幼枝有柔毛。叶对生，少有轮生，叶片卵状椭圆形或卵状披针形，纸质，顶端短尖或钝，基部楔形，全缘或中部以上有锯齿，有柔毛；叶柄有柔毛。总状花序顶生或腋生，常排成圆锥状；花萼管状，有毛，5 裂，有 5 棱；花冠通常蓝紫色，长约 8 mm，稍不整齐，5 裂，裂片平展，内外有微毛；花柱短于花冠管；子房无毛。核果球形，无毛，有光泽，熟时红黄色，有增大宿存花萼包围。花果期 5—10 月，在南方可为全年。

生境：路边、荒地、农田、公园、宅旁等

原产地：南美洲

重庆分布：各区县均有分布

❶果序 ❷叶 ❸花序 ❹植株

53. 马缨丹 *Lantana camara* L.

别名：七变花、如意草、臭草、五彩花、五色梅

分类地位：马鞭草科 Verbenaceae 马缨丹属 *Lantana*

危害或风险等级：重度

性状描述：直立或蔓性的灌木，高 1—2 m，有时藤状，长达 4 m；茎枝均呈四方形，有短柔毛，通常有短而倒钩状刺。单叶对生，揉烂后有强烈的气味，叶片卵形至卵状长圆形，长 3.0—8.5 cm，宽 1.5—5.0 cm，顶端急尖或渐尖，基部心形或楔形，边缘有钝齿，表面有粗糙的皱纹和短柔毛，背面有小刚毛，侧脉约 5 对；叶柄长约 1 cm。花序直径 1.5—2.5 cm；花序梗粗壮，长于叶柄；苞片披针形，长为花萼的 1—3 倍，外部有粗毛；花萼管状，膜质，长约 1.5 mm，顶端有极短的齿；花冠黄色或橙黄色，开花后不久转为深红色，花冠管长约 1 cm，两面有细短毛，直径 4—6 mm；子房无毛。果圆球形，直径约 4 mm，成熟时紫黑色。全年开花。

生境：林下、林缘、路旁、宅前屋后、花坛绿地、荒地、林缘、农田等

原产地：南美洲

重庆分布：大部分区县有分布

①

❶居群 ❷花序(正面) ❸花序(侧面) ❹果序 ❺叶 ❻植株

54. 柳叶马鞭草 *Verbena bonariensis* L.

别名：无

分类地位：马鞭草科 Verbenaceae 马鞭草属 *Verbena*

危害或风险等级：轻度

性状描述：多年生草本植物，茎直立，株高60—150 cm，多分枝。茎四方形，叶对生，卵圆形至矩圆形或长圆状披针形；基生叶边缘常有粗锯齿及缺刻，通常3深裂，裂片边缘有不整齐的锯齿，两面有粗毛。穗状花序顶生或腋生，细长如马鞭；花小，花冠淡紫色或蓝色。果为蒴果状，长约0.2 cm，外果皮薄，成熟时开裂，内含4枚小坚果。花期5—9月。

生境：花坛、路边、荒地、房前屋后、林下、林缘、农田、河岸、沟谷等

原产地：南美洲

重庆分布：大部分区县有分布

❶花序 ❷植株 ❸叶(正面) ❹叶(背面)

55. 一串红 *Salvia splendens* Ker Gawl.

别名:爆仗红、炮仔花、象牙海棠、墙下红、西洋红、象牙红

分类地位:唇形科 Lamiaceae 鼠尾草属 *Salvia*

危害或风险等级:轻度

性状描述:亚灌木状草本,高可达90 cm。茎钝四棱形,具浅槽,无毛。叶卵圆形或三角状卵圆形,先端渐尖,基部截形或圆形,稀钝,边缘具锯齿,上面绿色,下面较淡,两面无毛,下面具腺点;茎生叶叶柄长3.0—4.5 cm,无毛。轮伞花序2—6花,组成顶生总状花序;苞片卵圆形,红色,大,在花开前包裹着花蕾,先端尾状渐尖;花梗密被染红的具腺柔毛,花序轴被微柔毛。花萼钟形,红色,外面沿脉上被染红的具腺柔毛,内面在上半部被微硬伏毛,二唇形,唇裂达花萼长1/3,上唇三角状卵圆形,先端具小尖头,下唇比上唇略长,深2裂,裂片三角形,先端渐尖。花冠红色,外被微柔毛,内面无毛,冠筒筒状,直伸,在喉部略增大,冠檐二唇形,上唇直伸,略内弯,长圆形,先端微缺,下唇比上唇短,3裂,中裂片半圆形,侧裂片长卵圆形,比中裂片长。能育雄蕊2,近外伸,药隔近伸直,上下臂近等长,上臂药室发育,下臂药室不育,下臂粗大,不联合。退化雄蕊短小。花柱与花冠近相等,先端不相等2裂,前裂片较长。花盘等大。小坚果椭圆形,暗褐色,顶端具不规则极少数的皱褶突起,边缘或棱具狭翅,光滑。花期3—10月。

生境:花坛、房前屋后、路边、农田、荒地、城市绿化等

原产地:美洲

重庆分布:各区县均有分布

①

②

③

④

⑤

❶叶(正面) ❷叶(背面) ❸花序(正面) ❹花序(侧面) ❺居群

56. 曼陀罗 *Datura stramonium* L.

别名：土木特张姑、沙斯哈我那、赛斯哈塔肯、醉心花闹羊花、野麻子、洋金花、万桃花、狗核桃、枫茄花

分类地位：茄科 Solanaceae 曼陀罗属 *Datura*

危害或风险等级：中度

性状描述：草本或半灌木状，高 0.5—1.5 m，全体近于平滑或在幼嫩部分被短柔毛。茎粗壮，圆柱状，淡绿色或带紫色，下部木质化。叶广卵形，顶端渐尖，基部不对称楔形，边缘有不规则波状浅裂，裂片顶端急尖，有时亦有波状牙齿，侧脉每边 3—5 条，直达裂片顶端。花单生于枝杈间或叶腋，直立，有短梗；花萼筒状，筒部有 5 棱角，两棱间稍向内陷，基部稍膨大，顶端紧围花冠筒，5 浅裂，裂片三角形，花后自近基部断裂，宿存部分随果实而增大并向外反折；花冠漏斗状，下半部带绿色，上部白色或淡紫色，檐部 5 浅裂，裂片有短尖头；雄蕊不伸出花冠；子房密生柔针毛。蒴果直立生，卵状，表面生有坚硬针刺或有时无刺而近平滑，成熟后淡黄色，规则 4 瓣裂。种子卵圆形，稍扁，黑色。花期 6—10 月，果期 7—11 月。全株有毒。

生境：花坛、宅前屋后、路边等

原产地：美洲

重庆分布：涪陵区、巴南区、江津区、合川区、永川区、南川区、綦江区、大足区、荣昌区、垫江县、忠县、云阳县、奉节县、巫山县、秀山县等

❶花 ❷果 ❸叶 ❹居群

57.假酸浆 *Nicandra physalodes*（L.）Gaertn.

别名：鞭打绣球、冰粉、大千生

分类地位：茄科 Solanaceae 假酸浆属 *Nicandra*

危害或风险等级：轻度

性状描述：茎直立，有棱条，无毛，高 0.4—1.5 m，上部交互不等的二歧分枝。叶卵形或椭圆形，草质，顶端急尖或短渐尖，基部楔形，边缘有具圆缺的粗齿或浅裂，两面有稀疏毛；叶柄长约为叶片长的 1/4—1/3。花单生于枝腋而与叶对生，通常具较叶柄长的花梗，俯垂；花萼 5 深裂，裂片顶端尖锐，基部心脏状箭形，有 2 尖锐的耳片，果时包围果实；花冠钟状，浅蓝色，檐部有折襞，5 浅裂。浆果球状，黄色。种子淡褐色。花果期夏秋季。

生境：路旁、荒地、林缘、农田、花坛、宅旁、河（江）岸等

原产地：美洲

重庆分布：大部分区县有分布

②

③ ④ ⑤

❶花 ❷植株 ❸果 ❹叶 ❺茎

58. 苦蘵 *Physalis angulata* L.

别名：无

分类地位：茄科 Solanaceae 洋酸浆属 *Physalis*

危害或风险等级：轻度

性状描述：一年生草本，被疏短柔毛或近无毛，高 30—50 cm；茎多分枝，分枝纤细。叶片卵形至卵状椭圆形，顶端渐尖或急尖，基部阔楔形或楔形，全缘或有不等大的牙齿，两面近无毛。花梗纤细和花萼一样生短柔毛，5 中裂，裂片披针形，生缘毛；花冠淡黄色，喉部常有紫色斑纹；花药蓝紫色或有时黄色。果萼卵球状，直径 1.5—2.5 cm，薄纸质，浆果直径约 1.2 cm。种子圆盘状。花果期 5—12 月。

生境：荒地、农田、河（江）岸、旅游步道两侧、花坛绿地、房前、路边、林下、林缘等

原产地：美洲

重庆分布：大部分区县有分布

❶植株　❷茎　❸果

59. 喀西茄 *Solanum aculeatissimum* Jacq.

别名：刺茄子、苦茄子、谷雀蛋、阿公、苦颠茄、狗茄子、添钱果

分类地位：茄科 Solanaceae 茄属 *Solanum*

危害或风险等级：中度

性状描述：直立草本至亚灌木，高 1—2 m，最高达 3 m，茎、枝、叶及花柄多混生黄白色具节的长硬毛，短硬毛，腺毛及淡黄色基部宽扁的直刺，刺长 2—15 mm，宽 1—5 mm，基部暗黄色。叶阔卵形，长 6—12 cm，宽约与长相等，先端渐尖，基部戟形，5—7 深裂，裂片边缘又作不规则的齿裂及浅裂；上面深绿，毛被在叶脉处更密；下面淡绿，除被有与上面相同的毛被外，还被有稀疏分散的星状毛；侧脉与裂片数相等，在上面平，在下面略凸出，其上分散着生基部宽扁的直刺，刺长约 5—15 mm；叶柄粗壮，长约为叶片之半。蝎尾状花序腋外生，短而少花，单生或 2—4 朵，花梗长约 1 cm；萼钟状，绿色，直径约 1 cm，长约 7 mm，5 裂，裂片长圆状披针形，长约 5 mm，宽约 1.5 mm，外面具细小的直刺及纤毛，边缘的纤毛更长而密；花冠筒淡黄色，隐于萼内，长约 1.5 mm；冠檐白色，5 裂，裂片披针形，长约 14 mm，宽约 4 mm，具脉纹，开放时先端反折；花丝长约 1.5 mm，花药在顶端延长，长约 7 mm，顶孔向上；子房球形，被微绒毛，花柱纤细，长约 8 mm，光滑，柱头截形。浆果球状，直径约 2.0—2.5 cm，初时绿白色，具绿色花纹，成熟时淡黄色，宿萼上具纤毛及细直刺，后逐渐脱落；种子淡黄色，近倒卵形，扁平，直径约 2.5 mm。花期春夏，果熟期冬季。

生境：林下、林缘、河岸、沟谷、路旁、宅旁、花坛绿地、荒地、农田、苗圃等

原产地：美洲

重庆分布：各区县均有分布

❶果 ❷植株 ❸叶 ❹花 ❺果序

60.珊瑚樱 *Solanum pseudocapsicum* L.

别名:吉庆果、冬珊瑚、洋海椒、刺石榴、玉珊瑚、珊瑚子

分类地位:茄科 Solanaceae 茄属 *Solanum*

危害或风险等级:轻度

性状描述:直立分枝小灌木,高达 2 m,全株光滑无毛。叶互生,狭长圆形至披针形,先端尖或钝,基部狭楔形下延成叶柄,边全缘或波状,两面均光滑无毛,中脉在下面凸出,侧脉 6—7 对,在下面更明显;叶柄长约 2—5 mm,与叶片不能截然分开。花多单生,很少成蝎尾状花序,无总花梗或近于无总花梗,腋外生或近对叶生;花小,白色;萼绿色,5 裂;花冠筒隐于萼内,裂片 5,卵形;花药黄色,矩圆形;子房近圆形,花柱短,柱头截形。浆果橙红色,萼宿存,果柄顶端膨大。种子盘状,扁平。花期初夏,果期秋末。

生境:路边、荒地、林下、农田、林缘、宅旁、花坛等

原产地:美洲

重庆分布:各区县均有分布

❶植株 ❷叶 ❸果 ❹花

61. 直立婆婆纳 *Veronica arvensis* L.

别名: 无

分类地位: 玄参科 Scrophulariaceae 婆婆纳属 *Veronica*

危害或风险等级: 轻度

性状描述: 小草本,茎直立或上升,不分枝或铺散分枝,高 5—30 cm,有两列多细胞白色长柔毛。叶常 3—5 对,下部的有短柄,中上部的无柄,卵形至卵圆形,具 3—5 脉,边缘具圆或钝齿,两面被硬毛。总状花序长而多花,长可达 20 cm,各部分被多细胞白色腺毛;苞片下部的长卵形而疏具圆齿至上部的长椭圆形而全缘;花梗极短;花萼裂片条状椭圆形,前方 2 枚长于后方 2 枚;花冠蓝紫色或蓝色,裂片圆形至长矩圆形;雄蕊短于花冠。蒴果倒心形,强烈侧扁,长 2.5—3.5 mm,宽略过之,边缘有腺毛,凹口很深,几乎为果半长,裂片圆钝,宿存的花柱不伸出凹口。种子矩圆形。花期 4—5 月,果期 6—8 月。

生境: 宅旁、农田、荒地、路边等

原产地: 北美洲

重庆分布: 大部分区县有分布

❶植株 ❷叶 ❸茎

62. 阿拉伯婆婆纳 *Veronica persica* Poir.

别名:波斯婆婆纳、肾子草

分类地位:玄参科 Scrophulariaceae 婆婆纳属 *Veronica*

危害或风险等级:中度

性状描述:铺散多分枝草本,高 10—50 cm。茎密生两列多细胞柔毛。叶 2—4 对(腋内生花的称苞片,见下面),具短柄,卵形或圆形,长 6—20 mm,宽 5—18 mm,基部浅心形,平截或浑圆,边缘具钝齿,两面疏生柔毛。总状花序很长;苞片互生,与叶同形且几乎等大;花梗比苞片长,有的超过 1 倍;花萼花期长仅 3—5 mm,果期增大达 8 mm,裂片卵状披针形,有睫毛,三出脉;花冠蓝色、紫色或蓝紫色,长 4—6 mm,裂片卵形至圆形,喉部疏被毛;雄蕊短于花冠。蒴果肾形,长约 5 mm,宽约 7 mm,被腺毛,成熟后几乎无毛,网脉明显,凹口角度超过 90 度,裂片钝,宿存的花柱长约 2.5 mm,超出凹口。种子背面具深的横纹,长约 1.6 mm。花期 3—5 月,果期 4—5 月。

生境:荒地、路边、花坛、农田、房前屋后、林下、林缘、苗圃等

原产地:亚洲

重庆分布:各区县均有分布

❶居群 ❷花和果枝 ❸植株 ❹花

63. 紫茎泽兰 *Ageratina adenophora* (Spreng.) R. M. King & H. Rob.

别名:破坏草

分类地位:菊科 Asteraceae 紫茎泽兰属 *Ageratina*

危害或风险等级:重度

性状描述:多年生草本,高 30—90 cm。茎直立,分枝对生、斜上,茎上部的花序分枝伞房状;全部茎枝被白色或锈色短柔毛,上部及花序梗上的毛较密,中下部花期脱毛或无毛。叶对生,质地薄,卵形、三角状卵形或菱状卵形,有长叶柄,柄长 4—5 cm,上面绿色,下面色淡,两面被稀疏的短柔毛,下面及沿脉的毛稍密,基部平截或稍心形,顶端急尖,基出三脉,侧脉纤细,边缘有粗大圆锯齿;接花序下部的叶波状浅齿或近全缘。头状花序多数在茎枝顶端排成伞房花序或复伞房花序,花序径 2—4 cm 或可达 12 cm。总苞宽钟状,含 40—50 个小花;总苞片 1 层或 2 层,线形或线状披针形,顶端渐尖。花托高起,圆锥状。管状花两性,淡紫色。瘦果黑褐色,长椭圆形,5 棱,无毛无腺点。冠毛白色,纤细,与花冠等长。花果期 4—10 月。

①

生境:荒地、路边(岩石)、林缘、林下、房前、湖边、花坛、河岸等

原产地:美洲

重庆分布:南岸区、江津区、永川区等

❶居群 ❷植株 ❸花序

64. 藿香蓟 *Ageratum conyzoides* L.

别名：臭草、胜红蓟

分类地位：菊科 Asteraceae 藿香蓟属 *Ageratum*

危害或风险等级：重度

性状描述：一年生草本，高 50—100 cm，有时又不足 10 cm。无明显主根。茎粗壮，或少有纤细的，不分枝或自基部或自中部以上分枝，或下基部平卧而节常生不定根。全部茎枝淡红色，或上部绿色，被白色尘状短柔毛或上部被稠密开展的长绒毛。叶对生，有时上部互生，常有腋生的不发育的叶芽。中部茎叶卵形或椭圆形或长圆形；自中部叶向上向下及腋生小枝上的叶渐小或小，卵形或长圆形，有时植株全部叶小形。全部叶基部钝或宽楔形，基出三脉或不明显五出脉，顶端急尖，边缘圆锯齿，有长 1—3 cm 的叶柄，两面被白色稀疏的短柔毛且有黄色腺点，上面沿脉处及叶下面的毛稍多有时下面近无毛，上部叶的叶柄或腋生幼枝及腋生枝上的小叶的叶柄通常被白色稠密开展的长柔毛。头状花序 4—18 个在茎顶排成紧密的伞房状花序；花序径 1.5—3.0 cm，少有排成松散伞房花序式的。花梗被尘球短柔毛。总苞钟状或半球形。总苞片 2 层，长圆形或披针状长圆形，外面无毛，边缘撕裂。花冠外面无毛或顶端有尘状微柔毛，檐部 5 裂，淡紫色。瘦果黑褐色，5 棱，有白色稀疏细柔毛。冠毛膜片 5 或 6 个，长圆形，顶端急狭或渐狭成长或短芒状，或部分膜片顶端截形而无芒状渐尖；全部冠毛膜片长 1.5—3.0 mm。花果期全年。

生境：荒地、林下、林缘、田边、房前屋后、河（江）岸、河（沟）谷、花坛绿地、公路旁、旅游步道两侧等

原产地：美洲

重庆分布：各区县均有分布

①

②

③

❶居群 ❷花序 ❸茎叶 ❹叶（正面） ❺叶（背面） ❻植株

65. 豚草 *Ambrosia artemisiifolia* L.

别名：豕草、破布草、艾叶

分类地位：菊科 Asteraceae 豚草属 *Ambrosia*

危害或风险等级：中度

性状描述：一年生草本，高 20—150 cm；茎直立，上部有圆锥状分枝，有棱，被疏生密糙毛。下部叶对生，具短叶柄，二次羽状分裂，裂片狭小，长圆形至倒披针形，全缘，有明显的中脉，上面深绿色，被细短伏毛或近无毛，背面灰绿色，被密短糙毛；上部叶互生，无柄，羽状分裂。雄头状花序半球形或卵形，径 4—5 mm，具短梗，下垂，在枝端密集成总状花序。总苞宽半球形或碟形；总苞片全部结合，无肋，边缘具波状圆齿，稍被糙伏毛。花托具刚毛状托片；每个头状花序有 10—15 个不育的小花；花冠淡黄色，有短管部，上部钟状，有宽裂片；花药卵圆形；花柱不分裂，顶端膨大成画笔状。雌头状花序无花序梗，在雄头花序下面或在下部叶腋单生，或 2—3 个密集成团伞状，有 1 个无被能育的雌花，总苞闭合，具结合的总苞片，倒卵形或卵状长圆形，顶端有围裹花柱的圆锥状嘴部，在顶部以下有 4—6 个尖刺，稍被糙毛；花柱 2 深裂，丝状，伸出总苞的嘴部。瘦果倒卵形，无毛，藏于坚硬的总苞中。花期 8—9 月，果期 9—10 月。

生境：荒地、路边、河岸等

原产地：美洲

重庆分布：北碚区、南川区、开州区、云阳县、巫溪县、石柱县等

❶植株 ❷花序

66. 大狼耙草 *Bidens frondosa* L.

别名：接力草、大狼杷草

分类地位：菊科 Asteraceae 鬼针草属 *Bidens*

危害或风险等级：重度

性状描述：一年生草本。茎直立，分枝，高20—120 cm，被疏毛或无毛，常带紫色。叶对生，具柄，为一回羽状复叶，小叶3—5枚，披针形，先端渐尖，边缘有粗锯齿，通常背面被稀疏短柔毛，至少顶生者具明显的柄。头状花序单生茎端和枝端，连同总苞苞片直径12—25 mm。总苞钟状或半球形，外层苞片5—10枚，通常8枚，披针形或匙状倒披针形，叶状，边缘有缘毛，内层苞片长圆形，膜质，具淡黄色边缘，无舌状花或舌状花不发育，极不明显，筒状花两性，花冠冠檐5裂；瘦果扁平，狭楔形，近无毛或是糙伏毛，顶端芒刺2枚，有倒刺毛。花果期8—10月。

生境：荒地、路边、农田、河岸等

原产地：北美洲

重庆分布：各区县均有分布

❶居群 ❷花序 ❸果序

67.鬼针草 *Bidens pilosa* L.

别名:金盏银盘、盲肠草、豆渣菜、豆渣草、引线包、一包针、粘连子、粘人草、对叉草、蟹钳草、虾钳草、三叶鬼针草、铁包针、狼把草、白花鬼针草

分类地位:菊科 Asteraceae 鬼针草属 *Bidens*

危害或风险等级:重度

性状描述:一年生草本,茎直立,高30—100 cm,钝四棱形,无毛或上部被极稀疏的柔毛。茎下部叶较小,3裂或不分裂,通常在开花前枯萎,中部叶具长1.5—5.0 cm无翅的柄,三出,小叶3枚,很少为具5—7小叶的羽状复叶,两侧小叶椭圆形或卵状椭圆形,先端锐尖,基部近圆形或阔楔形,有时偏斜,不对称,具短柄,边缘有锯齿,顶生小叶较大,长椭圆形或卵状长圆形,先端渐尖,基部渐狭或近圆形,具长1—2 cm的柄,边缘有锯齿,无毛或被极稀疏的短柔毛,上部叶小,3裂或不分裂,条状披针形。头状花序直径8—9 mm。总苞基部被短柔毛,苞片7—8枚,条状匙形,上部稍宽,草质,边缘疏被短柔毛或几无毛,外层托片披针形,干膜质,背面褐色,具黄色边缘,内层较狭,条状披针形。无舌状花,盘花筒状,冠檐5齿裂。瘦果黑色,条形,略扁,具棱,上部具稀疏瘤状突起及刚毛,顶端芒刺3—4枚,具倒刺毛。花期8—9月,果期9—11月。

生境:荒地、路边、农田、花坛绿地、房前屋后、林缘、林下、江边、河岸、苗圃等

原产地:美洲

重庆分布:各区县均有分布

❶居群 ❷花序 ❸茎叶 ❹果序

68.矢车菊 *Centaurea cyanus* L.

别名:蓝芙蓉、蓝花矢车菊

分类地位:菊科 Asteraceae 矢车菊属 *Centaurea*

危害或风险等级:轻度

性状描述:一年生或二年生草本,高30—70 cm或更高,直立,自中部分枝,极少不分枝。全部茎枝灰白色,被薄蛛丝状卷毛。基生叶及下部茎叶长椭圆状倒披针形或披针形,不分裂,边缘全缘无锯齿或边缘疏锯齿至大头羽状分裂,侧裂片1—3对,长椭圆状披针形、线状披针形或线形,边缘全缘无锯齿,顶裂片较大,长椭圆状倒披针形或披针形,边缘有小锯齿。中部茎叶线形、宽线形或线状披针形,顶端渐尖,基部楔状,无叶柄边缘全缘无锯齿,上部茎叶与中部茎叶同形,但渐小。全部茎叶两面异色或近异色,上面绿色或灰绿色,被稀疏蛛丝毛或脱毛,下面灰白色,被薄绒毛。头状花序多数或少数在茎枝顶端排成伞房花序或圆锥花序。总苞椭圆状,直径1.0—1.5 cm,有稀疏蛛丝毛。总苞片约7层,全部总苞片由外向内椭圆形、长椭圆形。全部苞片顶端有浅褐色或白色的附属物,中外层的附属物较大,内层的附属物较大,全部附属物沿苞片端下延,边缘流苏状锯齿。边花增大,超长于中央盘花,蓝色、白色、红色或紫色,檐部5—8裂,盘花浅蓝色或红色。瘦果椭圆形,有细条纹,被稀疏的白色柔毛。冠毛白色或浅土红色,2列,外列多层,向内层渐长,长达3 mm,内列1层,极短;全部冠毛刚毛毛状。花果期2—8月。

生境:花坛、荒地、路边、房前等

原产地:欧洲

重庆分布:大部分区县有分布

①

②

❶花序(侧面) ❷花序(正面) ❸总苞 ❹植株

69. 金鸡菊 *Coreopsis basalis* (A. Dietr.) S. F. Blake

别名:多花金鸡菊

分类地位:菊科 Asteraceae 金鸡菊属 *Coreopsis*

危害或风险等级:中度

性状描述:一年生或二年生草本,高 30—60 cm,疏生柔毛,多分枝。叶具柄,叶片羽状分裂,裂片圆卵形至长圆形,或在上部有时线性。头状花序单生枝端,或少数成伞房状,直径 2.5—5.0 cm,具长梗;外层总苞片与内层近等长,舌状花 8,黄色,基部紫褐色,先端具齿或裂片;管状花黑紫色。瘦果倒卵形,内弯,具 1 条骨质边缘。花期 7—9 月。

生境:花坛、路边、荒地等

原产地:美洲

重庆分布:各区县均有分布

①

❶居群 ❷植株 ❸花序

70. 剑叶金鸡菊 *Coreopsis lanceolata* L.

别名：线叶金鸡菊、大金鸡菊

分类地位：菊科 Asteraceae 金鸡菊属 *Coreopsis*

危害或风险等级：轻度

性状描述：多年生草本，高30—70 cm，有纺锤状根。茎直立，无毛或基部被软毛，上部有分枝。叶较少数，在茎基部成对簇生，有长柄，叶片匙形或线状倒披针形，基部楔形，顶端钝或圆形；茎上部叶少数，全缘或三深裂，裂片长圆形或线状披针形，顶裂片较大，基部窄，顶端钝，叶柄基部膨大，有缘毛；上部叶无柄，线形或线状披针形。头状花序在茎端单生，径4—5 cm。总苞片内外层近等长；披针形，顶端尖。舌状花黄色，舌片倒卵形或楔形；管状花狭钟形，瘦果圆形或椭圆形，边缘有宽翅，顶端有2短鳞片。花期5—9月。

生境：路边、农田、花坛绿地、旅游步道两侧、荒地、江边、公园、湖边、房前、林缘、河岸、沟谷、苗圃等

原产地：美洲

重庆分布：大部分区县有分布

❶植株　❷茎　❸叶　❹花序(正面)　❺花序(侧面)　❻总苞

71. 秋英 *Cosmos bipinnatus* Cav.

别名：格桑花、扫地梅、波斯菊、大波斯菊

分类地位：菊科 Asteraceae 秋英属 *Cosmos*

危害或风险等级：中度

性状描述：一年生或多年生草本，株高达 2 m，茎无毛或稍被柔毛，叶二回羽状深裂。头状花序单生，径 3—6 cm；总苞片外层披针形或线状披针形，近革质，淡绿色，具深紫色条纹，内层椭圆状卵形，膜质；舌状花紫红、粉红或白色，舌片椭圆状倒卵形；管状花黄色，管部短，上部圆柱形，有披针状裂片。瘦果黑紫色，无毛，上端具长喙，有 2—3 尖刺。花期 6—8 月，果期 9—10 月。

生境：荒地、路边、花坛绿地、宅前屋后、农田、水库边、林下等

原产地：美洲

重庆分布：各区县均有分布

❶居群　❷花序　❸植株

72. 黄秋英 *Cosmos sulphureus* Cav.

别名：硫华菊、硫磺菊、硫黄菊、黄波斯菊

分类地位：菊科 Asteraceae 秋英属 *Cosmos*

危害或风险等级：中度

性状描述：一年生草本；多分枝，叶为对生的二回羽状复叶，深裂，裂片呈披针形，有短尖，叶缘粗糙，与大波斯菊相比叶片更宽；花为舌状花，有单瓣和重瓣两种，直径3—5 cm，颜色多为黄、金黄、橙色、红色，瘦果总长1.8—2.5 cm，棕褐色，坚硬，粗糙有毛，顶端有细长喙。花期6—8 月或9—10 月。

生境：沟谷、路旁、宅旁、花坛绿地、荒地、农田、林缘、林下、河（江）岸、旅游步道两侧等

原产地：美洲

重庆分布：各区县均有分布

❶居群 ❷叶 ❸花序 ❹植株

73.野茼蒿 *Crassocephalum crepidioides*（Benth.）S. Moore

别名：冬风菜、假茼蒿、草命菜、昭和草

分类地位：菊科 Asteraceae 野茼蒿属 *Crassocephalum*

危害或风险等级：中度

性状描述：直立草本，高20—120 cm，茎有纵条棱，无毛。叶膜质，椭圆形或长圆状椭圆形，顶端渐尖，基部楔形，边缘有不规则锯齿或重锯齿，或有时基部羽状裂，两面无或近无毛。头状花序数个在茎端排成伞房状，直径约3 cm，总苞钟状，基部截形，有数枚不等长的线形小苞片；总苞片1层，线状披针形，等长，宽约1.5 mm，具狭膜质边缘，顶端有簇状毛，小花全部管状，两性，花冠红褐色或橙红色，檐部5齿裂，花柱基部呈小球状，分枝，顶端尖，被乳头状毛。瘦果狭圆柱形，赤红色，有肋，被毛；冠毛极多数，白色，绢毛状，易脱落。花期7—12月。

生境：河(江)岸、沟谷、花坛绿地、荒地、路边、农田、宅前屋后、林下、林缘、公园、苗圃等

原产地：非洲

重庆分布：各区县均有分布

❶叶　❷植株　❸花序(正面)　❹花序(侧面)

74. 松果菊 *Echinacea purpurea*（L.）Moench

别名：紫锥菊、紫锥花

分类地位：菊科 Asteraceae 松果菊属 *Echinacea*

危害或风险等级：轻度

性状描述：多年生草本植物，株高 60—150 cm，全株具粗毛，茎直立；基生叶卵形或三角形，茎生叶卵状披针形，叶柄基部稍抱茎；头状花序单生于枝顶，或数多聚生，花径达 10 cm，舌状花紫红色，管状花橙黄色。花期 6—7 月。

生境：花坛、路边、公路旁、林缘、宅前屋后等

原产地：美洲

重庆分布：万州区、合川区、大足区、铜梁区、潼南区、荣昌区、开州区、梁平区、丰都县、垫江县、忠县、奉节县、巫山县、巫溪县等

❶居群 ❷总苞 ❸茎叶 ❹花序

75. 鳢肠 *Eclipta prostrata*（L.）L.

别名:凉粉草、墨汁草、墨旱莲、墨莱、旱莲草、野万红、黑墨草

分类地位:菊科 Asteraceae 鳢肠属 *Eclipta*

危害或风险等级:轻度

性状描述:一年生草本。茎直立，斜升或平卧，高达60 cm，通常自基部分枝，被贴生糙毛。叶长圆状披针形或披针形，无柄或有极短的柄，顶端尖或渐尖，边缘有细锯齿或有时仅波状，两面被密硬糙毛。头状花序径6—8 mm，有长2—4 cm的细花序梗；总苞球状钟形，总苞片绿色，草质，5—6个排成2层，长圆形或长圆状披针形，外层较内层稍短，背面及边缘被白色短伏毛；外围的雌花2层，舌状，舌片短，顶端2浅裂或全缘，中央的两性花多数，花冠管状，白色，顶端4齿裂；花柱分枝钝，有乳头状突起；花托凸，有披针形或线形的托片。托片中部以上有微毛；瘦果暗褐色，雌花的瘦果三棱形，两性花的瘦果扁四棱形，顶端截形，具1—3个细齿，基部稍缩小，边缘具白色的肋，表面有小瘤状突起，无毛。花期6—9 月。

生境:路边、荒地、农田、林下、宅旁、花坛、林缘、河(江)岸、沟谷、苗圃、旅游步道两侧等

原产地:美洲

重庆分布:各区县均有分布

❶花序 ❷植株 ❸叶

76. 一年蓬 *Erigeron annuus*（L.）Pers.

别名：治疟草、千层塔

分类地位：菊科 Asteraceae 飞蓬属 *Erigeron*

危害或风险等级：重度

性状描述：一年生或二年生草本，茎粗壮，高30—100 cm，直立，上部有分枝，绿色，下部被开展的长硬毛，上部被较密的上弯的短硬毛。基部叶花期枯萎，长圆形或宽卵形，少有近圆形，顶端尖或钝，基部狭成具翅的长柄，边缘具粗齿，下部叶与基部叶同形，但叶柄较短，中部和上部叶较小，长圆状披针形或披针形，顶端尖，具短柄或无柄，边缘有不规则的齿或近全缘，最上部叶线形，全部叶边缘被短硬毛，两面被疏短硬毛，或有时近无毛。头状花序数个或多数，排列成疏圆锥花序，总苞半球形，总苞片3层，草质，披针形，近等长或外层稍短，淡绿色或多少褐色，背面密被腺毛和疏长节毛；外围的雌花舌状，2层，管部长1.0—1.5 mm，上部被疏微毛，舌片平展，白色，或有时淡天蓝色，线形，顶端具2小齿，花柱分枝线形；中央的两性花管状，黄色，管部长约0.5 mm，檐部近倒锥形，裂片无毛；瘦果披针形，扁压，被疏贴柔毛；冠毛异形，雌花的冠毛极短，膜片状连成小冠，两性花的冠毛2层，外层鳞片状，内层为10—15条长约2 mm的刚毛。花期6—9月。

生境：荒地、林缘、林下、田边、房前屋后、河岸、花坛绿地、旅游步道两侧、河（沟）谷、塘坝、交通干道、江边、公园等

原产地：美洲

重庆分布：各区县均有分布

❶居群 ❷植株 ❸叶与总苞 ❹花序

77.香丝草 *Erigeron bonariensis* L.

别名：蓑衣草、野地黄菊、野塘蒿

分类地位：菊科 Asteraceae 飞蓬属 *Erigeron*

危害或风险等级：重度

性状描述：一年生或二年生草本，根纺锤状，常斜升，具纤维状根。茎直立或斜升，高20—50 cm，稀更高，中部以上常分枝，常有斜上不育的侧枝，密被贴短毛，杂有开展的疏长毛。叶密集，基部叶花期常枯萎，下部叶倒披针形或长圆状披针形，顶端尖或稍钝，基部渐狭成长柄，通常具粗齿或羽状浅裂，中部和上部叶具短柄或无柄，狭披针形或线形，中部叶具齿，上部叶全缘，两面均密被贴糙毛。头状花序多数，径8—10 mm，在茎端排列成总状或总状圆锥花序；总苞椭圆状卵形，总苞片2—3层，线形，顶端尖，背面密被灰白色短糙毛，外层稍短或短于内层之半，具干膜质边缘。花托稍平，有明显的蜂窝孔；雌花多层，白色，花冠细管状，无舌片或顶端仅有3—4个细齿；两性花淡黄色，花冠管状，管部上部被疏微毛，上端具5齿裂；瘦果线状披针形，扁压，被疏短毛；冠毛1层，淡红褐色。花期5—10月。

生境：荒地、路边、农田、花坛绿地、河岸等

原产地：南美洲

重庆分布：各区县均有分布

❶茎 ❷植株 ❸花序 ❹茎叶

78. 小蓬草 *Erigeron canadensis* L.

别名：小飞蓬、飞蓬、加拿大蓬、小白酒草

分类地位：菊科 Asteraceae 飞蓬属 *Erigeron*

危害或风险等级：重度

性状描述：一年生草本，根纺锤状，具纤维状根。茎直立，高 50—100 cm 或更高，圆柱状，多少具棱，有条纹，被疏长硬毛，上部多分枝。叶密集，基部叶花期常枯萎，下部叶倒披针形，顶端尖或渐尖，基部渐狭成柄，边缘具疏锯齿或全缘；中部和上部叶较小，线状披针形或线形，近无柄或无柄，全缘或少有具 1—2 个齿，两面或仅上面被疏短毛，边缘常被上弯的硬缘毛。头状花序多数，小，径 3—4 mm，排列成顶生多分枝的大圆锥花序；花序梗细，总苞近圆柱状；总苞片 2—3 层，淡绿色，线状披针形或线形，顶端渐尖，外层约短于内层之半，背面被疏毛；花托平，具不明显的突起；雌花多数，舌状，白色，舌片小，稍超出花盘，线形，顶端具 2 个钝小齿；两性花淡黄色，花冠管状，上端具 4 或 5 个齿裂，管部上部被疏微毛；瘦果线状披针形，稍扁压，被贴微毛；冠毛污白色，1 层，糙毛状。花期 5—9 月。

生境：荒地、路边、农田、花坛绿地、河岸、林缘等

原产地：北美洲

重庆分布：各区县均有分布。

❶花枝 ❷花序 ❸茎叶 ❹居群 ❺植株

79. 苏门白酒草 *Erigeron sumatrensis* Retz.

别名：苏门白酒菊

分类地位：菊科 Asteraceae 飞蓬属 *Erigeron*

危害或风险等级：重度

性状描述：一年生或二年生草本，根纺锤状，直或弯，具纤维状根。茎粗壮，直立，高 80—150 cm，具条棱，绿色或下部红紫色，中部或中部以上有长分枝，被较密灰白色上弯糙短毛，杂有开展的疏柔毛。叶密集，基部叶花期凋落，下部叶倒披针形或披针形，顶端尖或渐尖，基部渐狭成柄，边缘上部每边常有 4—8 个粗齿，基部全缘，中部和上部叶渐小，狭披针形或近线形，具齿或全缘，两面特别下面被密糙短毛。头状花序多数，径 5—8 mm，在茎枝端排列成大而长的圆锥花序；总苞卵状短圆柱状，总苞片 3 层，灰绿色，线状披针形或线形，顶端渐尖，背面被糙短毛，外层稍短或短于内层之半，内层长约 4 mm，边缘干膜质；花托稍平，具明显小窝孔；雌花多层，管部细长，舌片淡黄色或淡紫色，极短细，丝状，顶端具 2 细裂；两性花 6—11 个，花冠淡黄色，檐部狭漏斗形，上端具 5 齿裂，管部上部被疏微毛；瘦果线状披针形，扁压，被贴微毛；冠毛 1 层，初时白色，后变黄褐色。花期 5—10 月。

生境：荒地、路边、农田、花坛绿地、河岸等

原产地：南美洲

重庆分布：各区县均有分布

②

③

❶茎叶 ❷植株 ❸❹花序 ❺叶(正反面)

80. 天人菊 *Gaillardia pulchella* Foug.

别名: 老虎皮菊、虎皮菊

分类地位: 菊科 Asteraceae 天人菊属 *Gaillardia*

危害或风险等级: 轻度

性状描述: 一年生草本,高 20—60 cm。茎中部以上多分枝,分枝斜升,被短柔毛或锈色毛。下部叶匙形或倒披针形,边缘波状钝齿、浅裂至琴状分裂,先端急尖,近无柄,上部叶长椭圆形,倒披针形或匙形,全缘或上部有疏锯齿或中部以上 3 浅裂,基部无柄或心形半抱茎,叶两面被伏毛。头状花序径 5 cm。总苞片披针形,边缘有长缘毛,背面有腺点,基部密被长柔毛。舌状花黄色,基部带紫色,舌片宽楔形,顶端 2—3 裂;管状花裂片三角形,顶端渐尖成芒状,被节毛。瘦果长 2 mm,基部被长柔毛。冠毛长 5 mm。花果期 6—8 月。

生境: 路边、宅旁等

原产地: 美洲

重庆分布: 万州区、沙坪坝区、九龙坡区、南岸区、巴南区、长寿区、永川区、綦江区、大足区、璧山区、铜梁区、梁平区、云阳县、石柱县等

①

②

❶花序 ❷植株

81.牛膝菊 *Galinsoga parviflora* Cav.

别名:铜锤草、珍珠草、向阳花、辣子草

分类地位:菊科 Asteraceae 牛膝菊属 *Galinsoga*

危害或风险等级:重度

性状描述:一年生草本,高10—80 cm。茎纤细,或粗壮,不分枝或自基部分枝,分枝斜升,全部茎枝被疏散或上部稠密的贴伏短柔毛和少量腺毛,茎基部和中部花期脱毛或稀毛。叶对生,卵形或长椭圆状卵形,基部圆形、宽或狭楔形,顶端渐尖或钝,基出三脉或不明显五出脉,在叶下面稍突起,在上面平,有叶柄;向上及花序下部的叶渐小,通常披针形;全部茎叶两面粗涩,被白色稀疏贴伏的短柔毛,沿脉和叶柄上的毛较密,边缘浅或钝锯齿或波状浅锯齿,在花序下部的叶有时全缘或近全缘。头状花序半球形,有长花梗,多数在茎枝顶端排成疏松的伞房花序,花序径约3 cm。总苞半球形或宽钟状;总苞片1—2层,约5个,外层短,内层卵形或卵圆形,顶端圆钝,白色,膜质。舌状花4—5个,舌片白色,顶端3齿裂,筒部细管状,外面被稠密白色短柔毛;管状花花冠黄色,下部被稠密的白色短柔毛。托片倒披针形或长倒披针形,纸质,顶端3裂或不裂或侧裂。瘦果三棱或中央的瘦果4—5棱,黑色或黑褐色,常压扁,被白色微毛。舌状花冠毛毛状,脱落;管状花冠毛膜片状,白色,披针形,边缘流苏状,固结于冠毛环上,正体脱落。花果期7—10月。

生境:荒地、农田、路边、林下、林缘、房前屋后、花坛绿地、河岸、池塘、江边、沟谷等

原产地:美洲

重庆分布:各区县均有分布

❶居群 ❷植株 ❸茎叶 ❹花序

82. 菊芋 *Helianthus tuberosus* L.

别名：鬼子姜、番羌、洋羌、五星草、菊诸、洋姜、芋头

分类地位：菊科 Asteraceae 向日葵属 *Helianthus*

危害或风险等级：中度

性状描述：多年生草本，高 1—3 m，有块状的地下茎及纤维状根。茎直立，有分枝，被白色短糙毛或刚毛。叶通常对生，有叶柄，但上部叶互生；下部叶卵圆形或卵状椭圆形，有长柄，基部宽楔形或圆形，有时微心形，顶端渐细尖，边缘有粗锯齿，有离基三出脉，上面被白色短粗毛、下面被柔毛，叶脉上有短硬毛，上部叶长椭圆形至阔披针形，基部渐狭，下延成短翅状，顶端渐尖，短尾状。头状花序较大，少数或多数，单生于枝端，有 1—2 个线状披针形的苞叶，直立，径 2—5 cm，总苞片多层，披针形，顶端长渐尖，背面被短伏毛，边缘被开展的缘毛；托片长圆形，背面有肋、上端不等三浅裂。舌状花通常 12—20 个，舌片黄色，开展，长椭圆形；管状花花冠黄色。瘦果小，楔形，上端有 2—4 个有毛的锥状扁芒。花期 8—9 月。

①

生境：荒地、路边、农田、宅前屋后等

原产地：北美洲

重庆分布：各区县均有分布

②

❶花序 ❷植株 ❸块茎 ❹花枝

83.银胶菊 *Parthenium hysterophorus* L.

别名:无

分类地位:菊科 Asteraceae 银胶菊属 *Parthenium*

危害或风险等级:中度

性状描述:一年生草本。茎直立,高0.6—1.0 m,多分枝,具条纹,被短柔毛,节间长2.5—5.0 cm。下部和中部叶二回羽状深裂,全形卵形或椭圆形,羽片3—4对,卵形,小羽片卵状或长圆状,常具齿,顶端略钝,上面被基部为疣状的疏糙毛,下面的毛较密而柔软;上部叶无柄,羽裂,裂片线状长圆形,全缘或具齿,或有时指状3裂,中裂片较大,通常长于侧裂片的3倍。头状花序多数,径3—4 mm,在茎枝顶端排成开展的伞房花序,花序柄被粗毛;总苞宽钟形或近半球形;总苞片2层,各5个,外层较硬,卵形,顶端叶质,钝,背面被短柔毛,内层较薄,几近圆形,长宽近相等,顶端钝,下凹,边缘近膜质,透明,上部被短柔毛。舌状花1层,5个,白色,舌片卵形或卵圆形,顶端2裂。管状花多数,檐部4浅裂,裂片短尖或短渐尖,具乳头状突起;雄蕊4个。雌花瘦果倒卵形,基部渐尖,干时黑色,被疏腺点。冠毛2,鳞片状,长圆形,顶端截平或有时具细齿。花期4—10月。

生境:荒地、路边、江(河)岸等

原产地:北美洲

重庆分布:南岸区、江津区、永川区、大渡口区、江北区、渝北区、巴南区等

❶居群　❷花序　❸叶

84. 黑心菊 *Rudbeckia hirta* L.

别名：黑眼菊、黑心金光菊

分类地位：菊科 Asteraceae 金光菊属 *Rudbeckia*

危害或风险等级：中度

性状描述：一年或二年生草本，高 30—100 cm。茎不分枝或上部分枝，全株被粗刺毛。下部叶长卵圆形，长圆形或匙形，顶端尖或渐尖，基部楔状下延，有三出脉，边缘有细锯齿，有具翅的柄，长 8—12 cm；上部叶长圆披针形，顶端渐尖，边缘有细至粗疏锯齿或全缘，无柄或具短柄，长 3—5 cm，宽 1.0—1.5 cm，两面被白色密刺毛。头状花序径 5—7 cm，有长花序梗。总苞片外层长圆形，长 12—17 mm；内层较短，披针状线形，顶端钝，全部被白色刺毛。花托圆锥形；托片线形，对折呈龙骨瓣状，长约 5 mm，边缘有纤毛。舌状花鲜黄色；舌片长圆形，通常 10—14 个，长 20—40 mm，顶端有 2—3 个不整齐短齿。管状花暗褐色或暗紫色。瘦果四棱形，黑褐色，长 2 mm，无冠毛。花期 5—9 月。与金光菊的不同在于管状花花冠褐紫色或黑紫色；叶不分裂。

生境：农田、荒地、花坛绿地、路边、宅旁、林下、林缘、交通干道等

原产地：美洲

重庆分布：各区县均有分布

❶居群 ❷植株 ❸茎叶 ❹花序

85. 金光菊 *Rudbeckia laciniata* L.

别名:黑眼菊

分类地位:菊科 Asteraceae 金光菊属 *Rudbeckia*

危害或风险等级:轻度

性状描述:多年生草本,高50—200 cm。茎上部有分枝,无毛或稍有短糙毛。叶互生,无毛或被疏短毛。下部叶具叶柄,不分裂或羽状5—7深裂,裂片长圆状披针形,顶端尖,边缘具不等的疏锯齿或浅裂;中部叶3—5深裂,上部叶不分裂,卵形,顶端尖,全缘或有少数粗齿,背面边缘被短糙毛。头状花序单生于枝端,具长花序梗,径7—12 cm。总苞半球形;总苞片2层,长圆形,上端尖,稍弯曲,被短毛。花托球形;托片顶端截形,被毛,与瘦果等长。舌状花金黄色;舌片倒披针形,长约为总苞片的2倍,顶端具2短齿;管状花黄色或黄绿色。瘦果无毛,压扁,稍有4棱,顶端有具4齿的小冠。花期7—10月。与黑心菊的不同在于管状花花冠黄色或黄绿色;叶子3—5深裂。

生境:路边等

原产地:美洲

重庆分布:大部分区县有分布

①

❶花序 ❷居群 ❸植株

86. 加拿大一枝黄花 *Solidago canadensis* L.

别名: 麒麟草、幸福草、黄莺、金棒草

分类地位: 菊科 Asteraceae 一枝黄花属 *Solidago*

危害或风险等级: 重度

性状描述: 多年生草本,有长根状茎。茎直立,高达 2.5 m。叶披针形或线状披针形。头状花序很小,长 4—6 mm,在花序分枝上单面着生,多数弯曲的花序分枝与单面着生的头状花序,形成开展的圆锥状花序。总苞片线状披针形。边缘舌状花很短。花果期 10—11 月。

生境: 路旁、宅旁、花坛绿地、农田、荒地、池塘、河岸、林缘等

原产地: 美洲

重庆分布: 大部分区县有分布

❶居群 ❷花序（正面） ❸植株 ❹花序（侧面） ❺花枝

87. 苦苣菜 *Sonchus oleraceus* L.

别名:滇苦荬菜

分类地位:菊科 Asteraceae 苦苣菜属 *Sonchus*

危害或风险等级:中度

性状描述:一年生或二年生草本。根圆锥状,垂直直伸,有多数纤维状的须根。茎直立,单生,高 40—150 cm,有纵条棱或条纹,不分枝或上部有短的伞房花序状或总状花序式分枝,全部茎枝光滑无毛,或上部花序分枝及花序梗被头状具柄的腺毛。基生叶羽状深裂,全形长椭圆形或倒披针形,或大头羽状深裂,全形倒披针形,或基生叶不裂,椭圆形、椭圆状戟形、三角形、或三角状戟形或圆形,全部基生叶基部渐狭成长或短翼柄;中下部茎叶羽状深裂或大头状羽状深裂,全形椭圆形或倒披针形,基部急狭成翼柄,翼狭窄或宽大,向柄基且逐渐加宽,柄基圆耳状抱茎,宽三角形、戟状宽三角形、卵状心形,侧生裂片 1—5 对,椭圆形,常下弯,全部裂片顶端急尖或渐尖,下部茎叶或接花序分枝下方的叶与中下部茎叶同型并等样分裂或不分裂而披针形或线状披针形,且顶端长渐尖,下部宽大,基部半抱茎;全部叶或裂片边缘及抱茎小耳边缘有大小不等的叶,这些叶具急尖锯齿或大锯齿,边缘大部全缘或上半部边缘全缘,顶端急尖或渐尖,两面光滑毛,质地薄。头状花序少数在茎枝顶端排紧密的伞房花序或总状花序或单生茎枝顶端。总苞宽钟状;总苞片 3—4 层,覆瓦状排列,向内层渐长;外层长披针形或长三角形,中内层长披针形至线状披针形;全部总苞片顶端长急尖,外面无毛或外层或中内层上部沿中脉有少数头状具柄的腺毛。舌状小花多数,黄色。瘦果褐色,长椭圆形或长椭圆状倒披针形,压扁,每面各有 3 条细脉,肋间有横皱纹,顶端狭,无喙,冠毛白色,单毛状。花果期 5—12 月。

生境:路边、荒地、农田、林下、林缘、宅旁、花坛等

原产地:欧洲

重庆分布:各区县均有分布

❶植株 ❷花序 ❸茎 ❹总苞 ❺叶

88. 钻叶紫菀 *Symphyotrichum subulatum*（Michx.）G. L. Nesom

别名：无

分类地位：菊科 Asteraceae 联毛紫菀属 *Symphyotrichum*

危害或风险等级：重度

性状描述：茎高 25—100 cm，无毛；基生叶倒披针形，花后凋落；茎中部叶线状披针形，主脉明显，侧脉不显著，无柄；上部叶渐狭窄，全缘，无柄，无毛；头状花序，多数在茎顶端排成圆锥状，总苞钟状，总苞片 3—4 层，外层较短，内层较长，线状钻形，边缘膜质，无毛；舌状花细狭，淡红色，长与冠毛相等或稍长；管状花多数，花冠短于冠毛；瘦果长圆形或椭圆形，有 5 纵棱，冠毛淡褐色。花果期近全年。

生境：林下、林缘、旅游步道两侧、河（沟）谷、塘坝、路旁、宅前屋后、河（江）岸、湖边、花坛绿地、荒地、农田、池塘、交通干道等

原产地：美洲

重庆分布：各区县均有分布

①

❶居群 ❷花序 ❸瘦果 ❹植株 ❺茎

89. 万寿菊 *Tagetes erecta* L.

别名: 孔雀菊、缎子花、臭菊花、西番菊、红黄草、小万寿菊、臭芙蓉、孔雀草

分类地位: 菊科 Asteraceae 万寿菊属 *Tagetes*

危害或风险等级: 中度

性状描述: 一年生草本,高 50—150 cm。茎直立,粗壮,具纵细条棱,分枝向上平展。叶羽状分裂,裂片长椭圆形或披针形,边缘具锐锯齿,上部叶裂片的齿端有长细芒;沿叶缘有少数腺体。头状花序单生,径 5—8 cm,花序梗顶端棍棒状膨大;总苞杯状,顶端具齿尖;舌状花黄色或暗橙色;舌片倒卵形,基部收缩成长爪,顶端微弯缺;管状花花冠黄色,顶端具 5 齿裂。瘦果线形,基部缩小,黑色或褐色,被短微毛;冠毛有 1—2 个长芒和 2—3 个短而钝的鳞片。花期 7—9月。

生境: 荒地、路边、农田、宅前屋后、花坛绿地、林缘、林下、交通干道等

原产地: 北美州

重庆分布: 各区县均有分布

❶居群 ❷植株 ❸叶 ❹花序

90. 百日菊 *Zinnia elegans* Jacq.

别名：步步登高、节节高、鱼尾菊、火毡花、百日草

分类地位：菊科 Asteraceae 百日菊属 *Zinnia*

危害或风险等级：中度

性状描述：一年生草本。茎直立，高 30—100 cm，被糙毛或长硬毛。叶宽卵圆形或长圆状椭圆形，长 5—10 cm，宽 2.5—5.0 cm，基部稍心形抱茎，两面粗糙，下面被密的短糙毛，基出三脉。头状花序径 5.0—6.5 cm，单生枝端，无中空肥厚的花序梗。总苞宽钟状；总苞片多层，宽卵形或卵状椭圆形，外层长约 5 mm，内层长约 10 mm，边缘黑色。托片上端有延伸的附片；附片紫红色，流苏状三角形。舌状花深红色、玫瑰色、紫堇色或白色，舌片倒卵圆形，先端 2—3 齿裂或全缘，上面被短毛，下面被长柔毛。管状花黄色或橙色，长 7—8 mm，先端裂片卵状披针形，上面被黄褐色密茸毛。雌花瘦果倒卵圆形，长 6—7 mm，宽 4—5 mm，扁平，腹面正中和两侧边缘各有 1 棱，顶端截形，基部狭窄，被密毛；管状花瘦果倒卵状楔形，长 7—8 mm，宽 3.5—4.0 mm，极扁，被疏毛，顶端有短齿。花期 6—9 月，果期 7—10 月。

生境：河岸、沟谷、林下、路边、农田、荒地、花坛绿地、房前屋后、旅游步道两侧路边等

原产地：美洲

重庆分布：各区县均有分布

①

❶居群　❷茎叶　❸植株　❹❺❻❼花序

91. 野燕麦 *Avena fatua* L.

别名: 燕麦草、乌麦、南燕麦

分类地位: 禾本科 Poaceae 燕麦属 *Avena*

危害或风险等级: 中度

性状描述: 一年生。须根较坚韧。秆直立,光滑无毛,高60—120 cm,具2—4节。叶鞘松弛,光滑或基部被微毛;叶舌透明膜质;叶片扁平,微粗糙,或上面和边缘疏生柔毛。圆锥花序开展,金字塔形,分枝具棱角,粗糙;小穗含2—3小花,其柄弯曲下垂,顶端膨胀;小穗轴密生淡棕色或白色硬毛,其节脆硬易断落,第一节间长约3 mm;颖草质,几相等,通常具9脉;外稃质地坚硬,第一外稃长15—20 mm,背面中部以下具淡棕色或白色硬毛,芒自稃体中部稍下处伸出,膝曲,芒柱棕色,扭转。颖果被淡棕色柔毛,腹面具纵沟。花果期4—9月

生境: 农田、荒地、路边、河岸等。

原产地: 欧洲

重庆分布: 各区县均有分布

❶果序 ❷秆 ❸居群

92. 棕叶狗尾草 *Setaria palmifolia*（J. König.）Stapf

别名：雏茅、箬叶莩、棕叶草

分类地位：禾本科 Poaceae 狗尾草属 *Setaria*

危害或风险等级：轻度

性状描述：多年生。具根茎，须根较坚韧。秆直立或基部稍膝曲，高 0.75—2.0 m，直径约 3—7 mm，基部可达 1 cm，具支柱根。叶鞘松弛，具密或疏疣毛，少数无毛，上部边缘具较密而长的疣基纤毛，毛易脱落，下部边缘薄纸质，无纤毛；叶舌长约 1 mm，具长约 2—3 mm 的纤毛；叶片纺锤状宽披针形，长 20—59 cm，宽 2—7 cm，先端渐尖，基部窄缩呈柄状，近基部边缘有长约 5 mm 的疣基毛，具纵深皱褶，两面具疣毛或无毛。圆锥花序主轴延伸甚长，呈开展或稍狭窄的塔形，长 20—60 cm，宽 2—10 cm，主轴具棱角，分枝排列疏松，甚粗糙，长达 30 cm；小穗卵状披针形，长 2.5—4.0 mm，紧密或稀疏排列于小枝的一侧，部分小穗下托以 1 枚刚毛，刚毛长 5—10（14）mm 或更短；第一颖三角状卵形，先端稍尖，长为小穗的 1/3—1/2，具 3—5 脉；第二颖长为小穗的 1/2—3/4 或略短于小穗，先端尖，具 5—7 脉；第一小花雄性或中性，第一外稃与小穗等长或略长，先端渐尖，呈稍弯的小尖头，具 5 脉，内稃膜质，窄而短小，呈狭三角形，长为外稃的 2/3；第二小花两性，第二外稃具不甚明显的横皱纹，等长或稍短于第一外稃，先端为小而硬的尖头，成熟小穗不易脱落。鳞被楔形微凹，基部沿脉色深；花柱基部联合。颖果卵状披针形、成熟时往往不带着颖片脱落，长 2—3 mm，具不甚明显的横皱纹。叶上下表皮脉间中央 3—4 行为深波纹的、壁较薄的长细胞，两边 2—3 行为深波纹的、壁较厚的长细胞，偶有短细胞。花果期 8—12 月。

生境：林下、林缘、河岸、沟谷、路旁、花坛绿地、荒地、苗圃、田边、房前屋后、江边、公园、湖边等

原产地：非洲

重庆分布：各区县均有分布

❶居群 ❷植株 ❸果序

93. 大薸 *Pistia stratiotes* L.

别名：水白菜

分类地位：天南星科 Araceae 大薸属 *Pistia*

危害或风险等级：中度

性状描述：水生飘浮草本。有长而悬垂的根多数，须根羽状，密集。叶簇生成莲座状，叶片常因发育阶段不同而形异：倒三角形、倒卵形、扇形，以至倒卵状长楔形，长 1.3—10.0 cm，宽 1.5—6.0 cm，先端截头状或浑圆，基部厚，二面被毛，基部尤为浓密；叶脉扇状伸展，背面明显隆起成折皱状。佛焰苞白色，长约 0.5—1.2 cm，外被茸毛。花期 5—11 月。

生境：池塘、水库、河(沟)谷、宅旁、房前、农田湿地等

原产地：美洲

重庆分布：大部分区县有分布

❶居群 ❷居群 ❸植株

94. 风车草 *Cyperus involucratus* Rottb.

别名: 无

分类地位: 莎草科 Cyperaceae 莎草属 *Cyperus*

危害或风险等级: 轻度

性状描述: 根状茎短,粗大,须根坚硬。秆稍粗壮,高30—150 cm,近圆柱状,上部稍粗糙,基部包裹以无叶的鞘,鞘棕色。叶顶生为伞状,苞片20枚,长几相等,较花序长约2倍,宽2—11 mm,向四周展开,平展;多次复出长侧枝聚伞花序具多数第一次辐射枝,每个第一次辐射枝具4—10个第二次辐射枝;小穗密集于第二次辐射枝上端,椭圆形或长圆状披针形,压扁,具6—26朵花;小穗轴不具翅;鳞片紧密的复瓦状排列,膜质,卵形,顶端渐尖,苍白色,具锈色斑点,或为黄褐色,具3—5条脉;雄蕊3,花药线形,顶端具刚毛状附属物;花柱短,柱头3。小坚果椭圆形,近于三棱形,长为鳞片的1/3,褐色。花果期8—11月。

生境: 路边、农田、塘坝、河(沟)谷、花坛绿地、公园、湖边等

原产地: 非洲

重庆分布: 大部分区县有分布

①

❶植株　❷叶（正面）　❸叶（背面）　❹花序

95. 紫竹梅 *Tradescantia pallida* (Rose) D. R. Hunt

别名: 紫鸭跖草、紫竹兰、紫锦草

分类地位: 鸭跖草科 Commelinaceae 紫露草属 *Tradescantia*

危害或风险等级: 轻度

性状描述: 多年生草本,株高约30—50 cm,匍匐或下垂。茎多分枝,带肉质,紫红色,节上常生须根,节和节间明显,斜升,上部近于直立;叶长椭圆形,卷曲,先端渐尖,基部抱茎,叶紫色,具白色短绒毛;聚伞花序顶生或腋生,花粉红色或玫瑰紫色,近无柄,数朵密生在二叉状之短缩花序柄上,呈簇生状于总苞片内;总苞片叶状,长约7 cm,顶端具白色长柔毛;萼片3,离生,长圆形,光滑,宿存;花瓣3,广卵形,基部微结合;雄蕊6,全部能育,花丝被念珠状毛;子房上位,卵形,3室,花柱丝状而长,柱头状。果实和种子蒴果椭圆形,有3条隆起棱线。种子呈棱状半圆形,淡棕色。花期7—9月,果期9—10月。

生境: 花坛绿地、路边、宅旁、旅游步道两侧、荒地、林下、农田、湖边、林缘等

原产地: 美洲

重庆分布: 大部分区县有分布

❶居群 ❷植株 ❸花序

96. 凤眼莲 *Eichhornia crassipes*（Mart.）Solms

别名：水葫芦、水浮莲、凤眼蓝

分类地位：雨久花科 Pontederiaceae 凤眼莲属 *Eichhornia*

危害或风险等级：重度

性状描述：浮水草本，高30—60 cm。须根发达，棕黑色，长达30 cm。茎极短，具长匍匐枝，匍匐枝淡绿色或带紫色，与母株分离后长成新植物。叶在基部丛生，莲座状排列，一般5—10片；叶片圆形，宽卵形或宽菱形，长4.5—14.5 cm，宽5—14 cm，顶端钝圆或微尖，基部宽楔形或在幼时为浅心形，全缘，具弧形脉，表面深绿色，光亮，质地厚实，两边微向上卷，顶部略向下翻卷；叶柄长短不等，中部膨大成囊状或纺锤形，内有许多多边形柱状细胞组成的气室，维管束散布其间，黄绿色至绿色，光滑；叶柄基部有鞘状苞片，长8—11 cm，黄绿色，薄而半透明；花葶从叶柄基部的鞘状苞片腋内伸出，长34—46 cm，多棱；穗状花序长17—20 cm，通常具9—12朵花；花被裂片6枚，花瓣状，卵形、长圆形或倒卵形，紫蓝色，花冠略两侧对称，直径4—6 cm，上方1枚裂片较大，长约3.5 cm，宽约2.4 cm，三色即四周淡紫红色，中间蓝色，在蓝色的中央有1黄色圆斑，其余各片长约3 cm，宽1.5—1.8 cm，下方1枚裂片较狭，宽1.2—1.5 cm，花被片基部合生成筒，外面近基部有腺毛；雄蕊6枚，贴生于花被筒上，3长3短，长的从花被筒喉部伸出，长1.6—2.0 cm，短的生于近喉部，长3—5 mm；花丝上有腺毛，长约0.5 mm，3（2—4）细胞，顶端膨大；花药箭形，基着，蓝灰色，2室，纵裂；花粉粒长卵圆形，黄色；子房上位，长梨形，长6 mm，3室，中轴胎座，胚珠多数；花柱1，长约2 cm，伸出花被筒的部分有腺毛；柱头上密生腺毛。蒴果卵形。花期7—10月，果期8—11月。

生境：路边、农田、林下、池塘、塘坝、河（江）岸、宅前屋后、河（沟）谷、公园人工湿地等

原产地：美洲

重庆分布：各区县均有分布

❶居群 ❷叶柄 ❸植株 ❹花序

97.葱莲 *Zephyranthes candida*（Lindl.）Herb.

别名：葱兰

分类地位：石蒜科 Amaryllidaceae 葱莲属 *Zephyranthes*

危害或风险等级：轻度

性状描述：多年生草本。鳞茎卵形，直径约2.5 cm，具有明显的颈部。叶狭线形，肥厚，亮绿色。花茎中空；花单生于花茎顶端，下有带褐红色的佛焰苞状总苞，总苞片顶端2裂；花白色，外面常带淡红色；几无花被管，花被片6，顶端钝或具短尖头，近喉部常有很小的鳞片；雄蕊6，长约为花被的1/2；花柱细长，柱头不明显3裂。蒴果近球形，3瓣开裂；种子黑色，扁平。花期7—9月。

生境：路旁、宅旁、花坛绿地等

原产地：美洲

重庆分布：各区县均有分布

❶居群 ❷花 ❸花苞

98. 韭莲 *Zephyranthes carinata* Herb.

别名：红花葱兰、肝风草、韭菜莲、韭菜兰、风雨花

分类地位：石蒜科 Amaryllidaceae 葱莲属 *Zephyranthes*

危害或风险等级：轻度

性状描述：多年生草本。鳞茎卵球形，直径2—3 cm。基生叶常数枚簇生，线形，扁平。花单生于花茎顶端，下有佛焰苞状总苞，总苞片常带淡紫红色，下部合生成管；花玫瑰红色或粉红色；花被管长1.0—2.5 cm，花被裂片6，裂片倒卵形，顶端略尖；雄蕊6，长约为花被的2/3—4/5，花药丁字形着生；子房下位，3室，胚珠多数，花柱细长，柱头深3裂。蒴果近球形；种子黑色。花期6—9月。

生境：路旁、宅旁、花坛绿地、荒地、林下、农田、公园等

原产地：美洲

重庆分布：各区县均有分布

❶植株　❷叶　❸花蕾　❹花(正面)　❺花(侧面)

99. 再力花 *Thalia dealbata* Fraser

别名：水竹芋、水莲蕉、塔利亚

分类地位：竹芋科 Marantaceae 水竹芋属 *Thalia*

危害或风险等级：轻度

性状描述：多年生挺水植物，草本。植株高100—250 cm；叶基生，4—6片；叶柄较长，约40—80 cm，下部鞘状，基部略膨大，叶柄顶端和基部红褐色或淡黄褐色；叶片卵状披针形至长椭圆形，硬纸质，浅灰绿色，边缘紫色，全缘；叶背表面被白粉，叶腹面具稀疏柔毛。叶基圆钝，叶尖锐尖；横出平行叶脉。复穗状花序，生于由叶鞘内抽出的总花梗顶端；总苞片多数，半闭合，花时易脱落；小花紫红色，2—3朵小花由两个小苞片包被，紧密着生于花轴；多仅有一朵小花可以发育成果实，稀两个或三个均发育成果实。小苞片凹形，革质，背面无毛，表面具蜡质层，腹面具白色柔毛。萼片紫色；侧生退化雄蕊呈花瓣状，基部白色至淡紫色，先端及边缘暗紫色；花冠筒短柱状，淡紫色，唇瓣兜形，上部暗紫色，下部淡紫色。蒴果近圆球形或倒卵状球形，果皮浅绿色，成熟时顶端开裂。成熟种子棕褐色，表面粗糙，具假种皮，种脐较明显。具块状根茎，根茎萌芽生长为分株。根系尤其发达，根茎上密布不定根。花期4—10月。

生境：房前、池塘、溪流、河谷、公园湿地、农田等

原产地：美洲

重庆分布：大部分区县有分布

①

②

❶植株 ❷叶柄 ❸花序

动物部分

1. 松材线虫 *Bursaphelenchus xylophilus* (Steiner & Buhrer) Nickle

别名:无

分类地位:滑刃科 Aphelenchoididae 伞滑刃属 *Bursaphelenchus*

危害或风险等级:重度

性状描述:雌、雄虫都呈蠕虫形,虫体细长,雌虫体长0.81 mm,雄虫体长0.73 mm。唇区高,缢缩显著。口针细长,其基部微增厚。雄虫交合刺大,弓状,成对,喙突显著,交合刺远端膨大如盘。雄虫尾似鸟爪,向腹面弯曲,尾端为小的卵状交合伞包裹。退火的交合伞在光学显微镜下不易看见,交合伞(为翼)是尾的角质膜的延伸,在吻端呈铲状,由边缘向内卷曲,从背面观呈卵形,从侧面观呈尖圆形。病材中的幼虫虫体前部和成虫相似,但其后部则因肠内积聚大量颗状内含物,以至呈暗色结构模糊。幼虫尾亚圆锥形。松树线虫侵入树林后,首先会造成针叶失水。褪绿,继而变褐,而后整株枯死,针叶呈红黄色。

生境:寄生在松树苗木、松材、松木包装箱及松木制品等

原产地:北美洲

重庆分布:大部分区县有分布

❶松材线虫寄主 ❷松材线虫 ❸❹松材线虫生境

2. 福寿螺 *Pomacea canaliculata*（Lamarck）

别名:大瓶螺、苹果螺、黄螺蛳、金宝螺

分类地位:瓶螺科 Aillpullaridae 瓶螺属 *Pomacea*

危害或风险等级:重度

性状描述:个大、壳薄、螺层扁平、壳色多样(棕色或者黑色),产粉色卵。雌雄异体,具有明显的第二性征:壳顶面观察,雌性的第 2—3 螺层为黑色,雄性的为淡黄色。倒退式产卵,产于水面附着物上,腹足在产卵过程中起关键作用。雄螺独特的交配器官和交配方式、雌螺独特的产卵方式和高繁殖力、受精卵的离水孵化使福寿螺后代数量极大,对环境具有极强的适应能力。福寿螺通过啃食植物叶片影响作物的生长和产量。

生境:农田、沟渠、池塘、湿地、湖泊等水域环境

原产地:南美洲

重庆分布:大部分区县有分布

❶❷福寿螺卵　❸❹❺福寿螺

3. 悬铃木方翅网蝽 *Corythucha ciliate* Say

别名:无

分类地位:网蝽科 Tingidae 网蝽属 *Corythucha*

危害或风险等级:重度

性状描述:成虫:虫体乳白色,在两翅基部隆起处的后方有褐色斑;体长 3.2—3.7 mm,头兜发达,盔状,头兜的高度较中纵脊稍高;头兜、侧背板、中纵脊和前翅表面的网肋上密生小刺,侧背板和前翅外缘的刺列十分明显;前翅显著超过腹部末端,静止时前翅近长方形;足细长,腿节不加粗;后胸臭腺孔远离侧板外缘。卵:乳白色,长椭圆形,顶部有褐色椭圆形卵盖。若虫:共 5 龄,体形似成虫,无翅。悬铃木方翅网蝽具刺吸式口器,吸食叶片汁液,使寄生叶片出现黄白色斑点,严重时叶片由叶脉开始干枯至整叶萎黄、青黑及坏死,从而造成树木提前落叶、树木生长中断、树势衰弱至死亡。

生境:陆域环境。原寄主:悬铃木;其他寄主:构树、山核桃树、白蜡树、杜鹃花科等植物

原产地:北美洲

重庆分布:大部分区县有分布

❶悬铃木方翅网蝽若虫　❷❸悬铃木方翅网蝽成虫

4. 德国小蠊 *Blattella germanica*（Linnaeus）

别名：德国蟑螂、德国姬蠊

分类地位：蜚蠊科 Blattidae 小蠊属 *Blattella*

危害或风险等级：重度

性状描述：成虫为背腹扁平的椭圆形，个体小，多数体长 10—15 mm，色近于黑色，形成翅后的若虫，在背中央有一条明显的淡色条纹。德国小蠊为下口式头部，咀嚼式口器，有一对发达的复眼，单眼一对（小而不发达），翅 2 对，前翅革质，后翅膜质，但很少飞翔，有 3 对形状相同的步行足，股节发达，强劲有力，善于疾走，雄虫腹部末节后缘两侧有 1 对腹刺，雌虫无腹刺。前胸发达，背板宽大而扁平，中后胸较小，不能明显区分，腹部扁阔，分为 10 节。早龄若虫体小呈深褐色。德国小蠊通过盗食、污染食物，损害衣物、书藉，破坏仪器设备等造成人类经济损失，也是人类许多传染性疾病的重要传播媒介。

生境：陆域环境；比较温暖、潮湿的环境。白天躲藏在温暖潮湿和黑暗的隐蔽场所，如墙壁、天花板、橱柜和台桌等家具的缝隙、角落；杂物堆、阴沟、各种水暖管道和电源线路间的缝洞。经常会夹杂在蔬菜、服装、木材、布匹以及其他物品中

原产地：欧洲

重庆分布：大部分区县有分布

❶德国小蠊

5. 美洲大蠊 *Periplaneta americana*（Linnaeus）

别名：红蠊、船蠊

分类地位：蜚蠊科 Blattidae 大蠊属 *Periplaneta*

危害或风险等级：重度

性状描述：成虫：美洲大蠊属中大型昆虫，体长25—45 mm，背腹扁平，呈长椭圆形，红褐色或褐色，体色因虫龄而有所变化。体表有油状光泽。雌雄虫体形相似，但雌虫体稍宽。美洲大蠊头部小，隐于前胸背板下方，复眼较大，头顶及两复眼间为黑褐色，复眼间距雄虫狭雌虫宽；单眼位于触角的内上方，白色点状。丝状触角发达，其长度超过尾端。前胸背板近梯形，边缘黄色，中央红褐色，近前缘处有“T”形淡黄色斑，中部有赤褐色蝶形斑。中胸和后胸背板形状几乎相同。双翅平时重叠于腹部背面。前翅革质，深褐色。后翅膜质，半透明，浅褐色。若虫：刚孵出的1龄若虫，呈乳白色，体细长柔软，长5—6 mm，孵出30 min左右，虫体变为灰白色，再经3—4 h后变为黑褐色，虫体变得粗短扁平，长4—5 mm。卵：卵受精后，外包分泌物，形成卵荚产出，卵荚逐步排出，刚露出的卵荚呈黄白色，然后逐步变深，完全产出时呈棕红色，硬而具有弹性，几天后变为深咖啡色。美洲大蠊的排泄物和蜕落的表皮带有过敏原，可以引发皮疹、哮喘等病症，还携带多种致病菌，是家畜及人类许多传染性疾病的重要传播媒介。

生境：陆域环境；下水道、暖气沟、厕所、浴室及酿造厂、酱品厂等阴暗潮湿的环境

原产地：非洲

重庆分布：大部分区县有分布

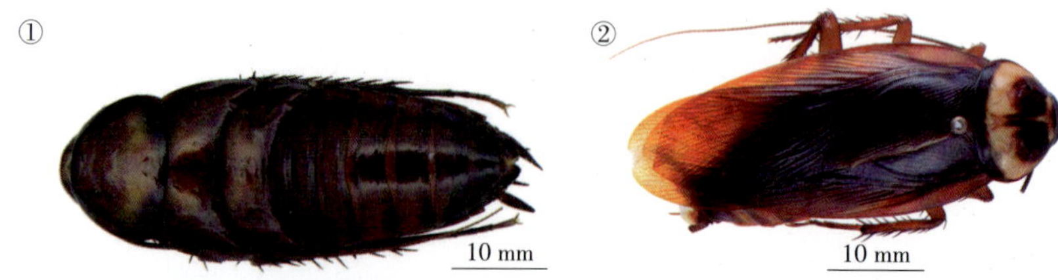

❶美洲大蠊若虫 ❷美洲大蠊成虫

6. 柑橘小实蝇 *Dacus dorsalis*（Hendel）

别名：东方果实蝇，黄苍蝇或果蛆

分类地位：实蝇科 Tephritidae 寡毛实蝇属 *Dacus*

危害或风险等级：中度

性状描述：成虫体长 7—8 mm，翅透明，翅脉黄褐色，有三角形翅痣。全体深黑色和黄色相间。胸部背面大部分黑色，但黄色的“U”字形斑纹十分明显。腹部黄色，第 1、2 节背面各有一条黑色横带，从第 3 节开始中央有一条黑色的纵带直抵腹端，构成一个明显的“T”字形斑纹。卵乳白色，梭形，长约 1 mm，宽约 0.1 mm，精孔一端稍尖，尾端较钝圆。幼虫：1 龄幼虫半透明、1.2—1.3 mm，2 龄幼虫乳白色、2.5—5.8 mm，3 龄老熟幼虫长 7—11 mm，身体乳白色，头咽骨黑色，前气门具 9—10 个指状突，肛门隆起明显突出，全部伸到侧区的下缘，形成一个长椭圆形的后端。蛹：椭圆形，长 4—5 mm，宽约 1.5—2.5 mm，淡黄色。柑橘小实蝇成虫产卵于寄主果实，幼虫在果实内取食果肉并生长发育，从而导致果实腐烂、脱落，严重影响果实的产量和质量，造成经济损失。

生境：陆域环境；分布于各种柑橘类植物园，寄主主要包括柑橘属的甜橙（如甜橙和冰糖橙）、酸橙、柚、温州蜜橘、红橘、京橘、焦柑、槿柑、柠檬、香橼、佛手等，也包括金橘属金橘等

原产地：美洲、大洋洲、亚洲（南亚）

重庆分布：九龙坡区、渝北区、长寿区、璧山区、铜梁区等

❶柑橘小实蝇幼虫 ❷❸柑橘小实蝇蛹 ❹柑橘小实蝇成虫

7. 瓜实蝇 *Bactrocera cucuribitae*（Coquillett）

别名：黄瓜实蝇、瓜小实蝇、瓜大实蝇、针蜂、瓜蛆

分类地位：实蝇科 Tephritidae 果实蝇属 *Bactrocera*

危害或风险等级：轻度

性状描述：体形似小型黄蜂，黄褐色至红褐色，长 7—9 mm，宽 3—4 mm，翅长 7 mm，雌虫比雄虫略大，初羽化的成虫体色较淡，大小不及产卵成虫的一半。复眼茶褐色或蓝绿色（有光泽），复眼间有前后排列的 2 个褐色斑；触角黑色，后顶鬃和背侧鬃明显。前胸背面两侧各有 1 黄色斑点，中胸两侧各有 1 较粗黄色竖条斑，背面有并列的 3 条黄色纵纹，后胸小盾片黄色至土黄色；翅膜质，透明，有光泽，亚前缘脉和臀区各有 1 长条斑，翅尖有 1 圆形斑，径中横脉和中肘横脉有前窄后宽的斑块；腿节淡黄色。腹部近椭圆形，向内凹陷如汤匙，腹部背面第 3 节前缘有 1 狭长黑色横纹，从横纹中央向后直达尾端有 1 黑色纵纹，2 纹形成 1 个明显的“T”形；产卵器扁平，坚硬。卵：细长型，长 0.8—1.3 mm，一端稍尖，乳白色。幼虫：老熟时体长约 10 mm，蛆状，乳白色。蛹：初为米黄色，后为黄褐色，长约 5 mm，圆筒形。瓜实蝇成虫以产卵管刺入幼瓜表皮内产卵，幼虫孵化后即在瓜内蛀食，导致瓜局部变黄，轻则影响瓜的品质和产量，重则导致全瓜腐烂甚至绝收。

生境：陆域环境；分布于各类菜园、果园中。寄主主要为黄瓜、西葫芦、丝瓜、苦瓜、南瓜等多种蔬菜和水果

原产地：亚洲（南亚）

重庆分布：长寿区、璧山区等

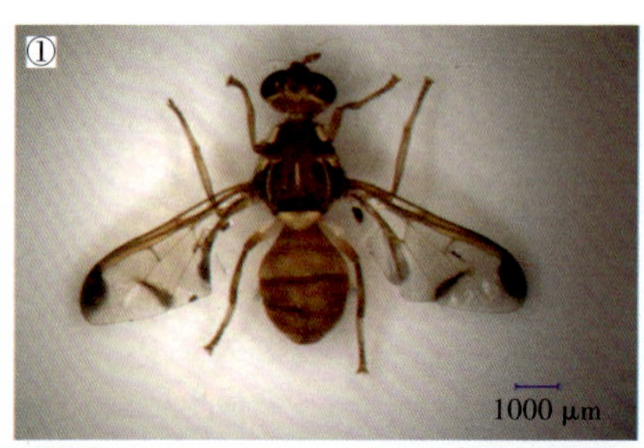

❶瓜实蝇

8. 草地贪夜蛾 *Spodoptera frugiperda*（Smith）

别名：伪黏虫、秋行军虫、秋粘虫、草地夜蛾

分类地位：夜蛾科 Noctuinae 灰翅夜蛾属 *Spodoptera*

危害或风险等级：重度

性状描述：卵呈圆顶状半球形，直径约为0.4 mm，高约0.3 mm，卵块聚产在叶片下表面，族群稠密时则会产卵于植物的任何部位；每卵块含卵100—200粒。卵块表面有雌虫腹部灰色绒毛状的分泌物覆盖形成的带状保护层。刚产下的卵呈绿灰色，12 h后转为棕色，孵化前则接近黑色；在夏季，卵阶段的持续时间仅为2—3 d。

幼虫期长度受温度影响，可为14—30 d。幼虫的头部有一倒"Y"字形的白色缝线。生长时，仍保持绿色或成为浅黄色，并具黑色背中线和气门线。如密集时(种群密度大，食物短缺时)，末龄幼虫在迁移期几乎为黑色。老熟幼虫体长35—40 mm，在头部具黄色倒Y型斑，黑色背毛片着生原生刚毛(每节背中线两侧有2根刚毛)。腹部末节有呈正方形排列的4个黑斑。幼虫通常有6个龄期。对于龄期1—6，头囊宽度分别为约0.35、0.45、0.75、1.3、2.0和2.6 mm，幼虫长度分别达到约1.7、3.5、6.4、10.0、17.2和34.2 mm。1龄幼虫呈绿色，头部黑色，头部在第二龄期转为橙色。在第二龄，特别是第三龄期，身体的背面变成褐色，并且开始形成侧白线。在第四至第六龄期，头部红棕色，有白色斑点，体呈褐色，具有白色背侧和侧线。身体背部出现隆起的斑点，它们常呈深色并带刺。成熟幼虫的面部也标有白色倒"Y"，当仔细检查时幼虫的表皮粗糙或呈颗粒状。除了秋季幼虫的典型褐色形态外，大部分幼虫背部呈绿色，背部隆起斑点为苍白色。幼虫倾向于在一天中最亮的时候隐藏自己。幼虫期的持续时间在夏季期间为约14 d，在凉爽天气期间为30 d。在25 ℃饲养时，1至6龄幼虫的平均发育时间分别为3.3、1.7、1.5、1.5、2.0和3.7 d。幼虫于土壤深处化蛹，深度为2—8 cm，其深度受土壤质地、温度与湿度影响；蛹期为7—37 d，亦受温度影响。通过将土壤颗粒与茧丝结合在一起，幼虫构造出松散的椭圆形茧，长度为2—3 cm。若土壤太硬，幼虫会将叶片残骸和其他物质粘在一起，在土壤表面形成茧。蛹呈红棕色，有光泽，长14—18 mm，宽约4.5 mm。

羽化后，成虫会从土壤中爬出，飞蛾粗壮，灰棕色，翅展宽度32—40 mm。

雄蛾前翅通常呈灰色和棕色，在翅的尖端和靠近中心处有三角形白色斑点；雌虫的前翅没有明显的标记，翅色表现为从均匀的灰褐色到灰色和棕色的细微斑点。雌雄后翅均呈虹彩银白色。草地夜蛾后翅翅脉棕色并透明，雄虫前翅浅色圆形，翅痣呈明显的灰色尾状突起；雄虫外生殖器抱握瓣正方形。抱器末端地抱器缘刻缺。雌虫交配囊无交配片。两性都有狭窄的黑色边缘。成虫为夜行性，在温暖潮湿的夜晚最活跃。成虫的生命持续7—21 d，平均约为10 d，一般在前4—5 d产下大部分的卵，但一些产卵期可持续三周。

生境：超过80种植物，更喜欢禾草科植物。最常食用的植物是玉米、高粱和杂草。受害的大田作物包括苜蓿、大麦、荞麦、棉花、玉米、燕麦、小米、花生、水稻、黑麦草、高粱、甜菜、大豆、甘蔗、烟草、小麦、苏丹草等。其他受害作物包括苹果、葡萄、橙子、木瓜、桃子，草莓和许多花卉

原产地：南美洲、北美洲的南部与中部

重庆分布：黔江区、巫溪县等

❶❷卵　❸1龄幼虫　❹2龄幼虫　❺3龄幼虫　❻4龄幼虫　❼❽预蛹　❾❿蛹　⓫成虫

9. 红火蚁 *Solenopsis invicta* Buren

别名：外引红火蚁、泊来红火蚁

分类地位：蚁科 Formicidae 火蚁属 *Solenopsis*

危害或风险等级：中度

性状描述：红火蚁有雌、雄繁殖蚁和无生殖能力的工蚁；体色从红棕色至深棕色，头部宽度小于腹部宽度；中胸侧板有刻纹或表面粗糙；腹锤间无前伸腹节齿，腹部呈棕褐色。

工蚁：头部近正方形至略呈心形，长1.00—1.47 mm，宽0.90—1.42 mm。头顶中间轻微下凹，不具带横纹的纵沟；唇基中齿发达，长约为侧齿的一半；唇基中刚毛明显，着生于中齿端部或近端；唇基侧脊明显，末端突出呈三角尖齿，侧齿间中齿基以外的唇基边缘凹陷；复眼椭圆形，最大直径为11—14个小眼长，最小直径约8—10个小眼长；触角柄节长，柄节端可伸达或超过头顶。前胸背板前侧角圆至轻微的角状，具罕见突出的肩角；中胸侧板前腹边厚，厚边内侧着生多条与厚边垂直的横向小脊；并胸腹节背面和斜面两侧无脊状突起，仅在背面和其后的斜面之间呈钝圆角状。腹部：后腹柄结略宽于前腹柄结，前腹柄结腹面可能有一些细浅的中纵沟，柄腹突小，平截，后腹柄结后面观长方形，顶部光亮，下面2/3或更大部分着生横纹与刻点。

生殖型雌蚁：体长8—10 mm，头及胸部棕褐色，腹部黑褐色，着生翅2对，头部细小，触角呈膝状，胸部发达，前胸背板亦显著隆起。雌蚁婚飞交配后落地，将翅脱落结巢成为蚁后，其体形(特别是腹部)可随寿命的增长不断增大。

雄蚁：体长7—8 mm，体黑色，着生翅2对，头部细小，触角呈丝状，胸部发达，前胸背板显著隆起。

大型工蚁(兵蚁)：体长6—7 mm，形态与小型工蚁相似，体橘红色，腹部背板色呈深褐。

卵：卵为卵圆形，大小为0.23—0.30 mm，乳白色。

幼虫：共4龄，各龄均乳白色，各龄长度为：1龄0.27—0.42 mm；2龄0.42 mm；3龄0.59—0.76 mm；发育为工蚁的4龄幼虫0.79—1.20 mm，而将发育为有性生殖蚁的4龄幼虫体长可达4—5 mm。1—2龄体表较光滑，3—4龄体表被有短毛，4龄上颚骨化较深，略呈褐色。

蛹：为裸蛹，乳白色，工蚁蛹体长0.70—0.80 mm，有性生殖蚁蛹体长5—7 mm，触角、足均外露。红火蚁具有毒液，通过螫咬，受害者会出现脸红、荨麻疹、呼吸困难等症状，严重者会出现呕吐、头晕和休克等症状，若救治不及时，可能危及生命。

生境：陆域环境；生活于岩石或树叶下，沟缝或石缝中，人行道、公路或街道的边沿处。蚁后在土中挖掘通道和小室，并密封开口，以免捕食者入侵

原产地：南美洲

重庆分布：江津区、綦江区、大足区、荣昌区等

❶蚁巢 ❷红火蚁

10. 克氏原螯虾 *Procambarus clarkii*（Girard）

别名：小龙虾、红螯虾、淡水小龙虾、红色沼泽螯虾

分类地位：螯虾科 Cambaridae 原螯虾属 *Procambarus*

危害或风险等级：重度

性状描述：甲壳坚硬。成体长约5.6—11.9 cm，整体颜色包括红色、红棕色、粉红色。背部是酱暗红色，两侧是粉红色，带有橘黄色或白色的斑点。部分甲壳近黑色，腹部背面有一楔形条纹。幼虾体为均匀的灰色，有时具有黑色波纹、螯狭长、甲壳中部不被网眼状空隙分隔，甲壳具明显颗粒。额剑具有侧棘或额剑端部具有刻痕。爪呈暗红色与黑色，有亮橘红色或微红色结节。幼虫和雌性的爪色呈黑褐色、头顶尖长，经常有轻微刺或结节，结节通常具锋利的脊椎。

头部有触须3对，触须近头部粗大，尖端小而尖。在头部外缘的一对触须特别粗长，一般比体长长1/3；在一对长触须中间为两对短触须，长度约为体长的一半。胸部有步足5对，第1—3对步足末端呈钳状，第4—5对步足末端呈爪状。第2对步足特别发达而成为很大的螯，雄性的螯比雌性的更发达，并且雄性龙虾的前外缘有一鲜红的薄膜。尾部有5片强大的尾扇。克氏原螯虾繁殖快、适应性强，以水草、无脊椎动物以及其他脊椎动物的幼体为食，通过竞争危害当地生态系统平衡。

生境：水域环境；生活于湿地草甸，喀斯特山区水域，沼泽，湖泊和溪流，稻田，灌溉渠道和水库等

原产地：北美洲

重庆分布：大部分区县有分布

❶❷❸❹克氏原螯虾

11. 尼罗罗非鱼 *Oreochromis niloticus*（Linnaeus）

别名：无

分类地位：慈鲷科 Cichlidae 罗非鱼属 *Oreochromis*

危害或风险等级：轻度

性状描述：体长卵圆形，侧扁，尾柄较短。头略大，背缘稍凹。吻钝尖，吻长大于眼径。口端位。上、下颌几乎等长；上颌骨为眶前骨所遮盖。上、下颌齿细小，3行。眼中等大，侧上位。眼间隔平滑，显著大于眼径。鼻孔细小。前鳃盖骨边缘无锯齿，鳃盖骨无棘。鳃耙细小，基部较宽，末端尖锐。下咽骨密布细小齿群。体侧有 9—10 条黑色的横带，成鱼较不明显。背鳍鳍条部有若干条由大斑块组成的斜向带纹，鳍棘部的鳍膜上有与鳍棘平行的灰黑色斑条，长短不一；臀鳍鳍条部上半部色泽灰暗，较下部为甚；尾鳍有 6—8 条近于垂直的黑色条纹。雄鱼的背鳍和尾鳍边缘有 1 条狭窄的灰白色带纹。尼罗罗非鱼的筑巢行为对水体的扰动，还会破坏水底植被，进而影响其他水生生物的生存，破坏水域生态平衡。

生境：水域环境；栖息于水底层，随水温变化早晨游向中、上层，中午接近水表层游动，傍晚在中、下层活动，夜间与黎明静止于水底，幼鱼喜集群游泳，成鱼遇敌害或拉网时先跳跃后潜入水底软泥，露嘴于泥外而不动

原产地：非洲

重庆分布：大足区、璧山区、荣昌区、云阳县等

❶尼罗罗非鱼鱼苗 ❷❸尼罗罗非鱼

12. 虹鳟 *Oncorhynchus mykiss*（Walbaum）

别名：瀑布鱼、七色鱼、虹鲑

分类地位：鲑科 Salmonidae 太平洋鲑属（大马哈鱼属）*Oncorhynchus*

危害或风险等级：轻度

性状描述：成年虹鳟体重可达约2.8 kg，虹鳟雌雄鉴别的主要外观依据是头部，头大吻端尖者为雄鱼，吻钝而圆者为雌鱼。吻钝圆，微突出。鼻孔位于吻侧，距眼较距吻端略近，前后鼻孔间有一小皮膜突出。眼稍大，侧中位，后缘位于头前后正中点稍前方。眼间隔圆凸。口大；位低：上颌骨外露，约达眼后缘。下颌骨、前颌骨与上颌骨有1行稀齿。犁骨与腭骨亦有齿，犁骨齿沿轴达骨中后部。舌游离，背面有齿2纵行，齿行间为浅凹沟状。鳃孔大，下端达眼中央下方。鳃膜游离且分离。最长鳃耙约等于瞳孔长。肛门位于臀鳍稍前方，其后有泌尿生殖孔。鳞很小；头部无鳞；眼鳍基上缘有长腋鳞。侧线侧中位，前端较高。背鳍始于体前后中点稍前方，前距为后距1.3—1.4倍；背缘斜形，微凸；第2分支鳍条最长，头长为其长1.9—2.2倍，远不达肛门。脂背鳍位臀鳍基后端上方，后端游离。臀鳍似背鳍，头长为第2分支臀鳍条17—2.1倍。胸鳍侧位，很低：圆刀状；第3鳍条最长，头长为其长1.6—1.8倍，远不达背鳍。腹鳍始于第4分支背鳍条基下方，亦圆刀状，头长为第3腹鳍条1.9—2.1倍，略不达肛门。尾鳍叉状，叉深约为鳍长1/3。鲜鱼体背侧暗蓝绿色，两侧银白色，腹侧白色；背面及两侧有许多大小不等的小黑斑头部与尾鳍基部黑斑较大；两侧条纹呈红色宽纵带状，似虹，故名。背鳍、脂背鳍与尾鳍有许多小黑点，其他鳍灰黑色，基部较淡。虹鳟会摄食各种本土原生的冷水鱼类、两栖类、无脊椎动物甚至水禽雏鸟，危害当地水域生态系统平衡。

生境：多栖息于冷而清澈的上游源头、小溪、小河到大河或湖泊等，亦可见于溯河产卵的沿海小河

原产地：北美洲

重庆分布：巫溪县等

❶虹鳟　❷虹鳟养殖生境　❸市场售卖养殖虹鳟

13. 食蚊鱼 *Gambusia affinis*（Baird & Girard）

别名：柳条鱼，大肚鱼，山坑鱼

分类地位：胎鳉科 Poeciliidae 食蚊鱼属 *Gambusia*

危害或风险等级：重度

性状描述：体型小，背缘浅弧形，腹部圆凸。头宽短，前端楔形。吻短。眼大。口上位，下颌突出于上颌，颌牙细小。无须。头、体被圆鳞。无侧线。背鳍短，无硬刺，起点位于臀鳍起点的后上方，距尾鳍基约等于距吻端的1/2。臀鳍位于背鳍下方稍前处，雄鱼臀鳍第三至第五根鳍条延长，变形，成为输精器。胸鳍中侧位，末端钝圆，向后超越腹鳍基部。尾鳍圆形。体背灰黑，腹部白色。头背具一黑斑，沿背部及尾柄末端具黑色条纹。除腹鳍外，其余各鳍具小黑点。食蚊鱼繁殖期短，繁殖周期长，会摄食当地水域鱼类鱼卵和鱼苗，攻击性捕食能力强，对土著鱼类的生存造成危害。

生境：水域环境；栖息于水库、湖泊、坝塘、沼泽、稻田、水渠、洼地等各类静水水体及河流小溪等流水环境

原产地：北美洲

重庆分布：大部分区县有分布

❶❷食蚊鱼

14. 牛蛙 *Lithobates catesbeiana*（Shaw）

别名：菜蛙

分类地位：蛙科 Ranidae 牛蛙属 *Lithobates*

危害或风险等级：轻度

性状描述：牛蛙身体由头、躯干和四肢3部分组成。头部扁平而阔，呈三角形。双眼位于头的最高处，椭圆形，眼球带黄色，有瞬膜和上、下眼睑，能开闭，双眼可以左右前后观望。鼻孔位于头部中央线的两侧，与口腔相通。眼后方有1对鼓膜，是牛蛙的听觉器官。雌性的鼓膜小，雄性的鼓膜大。口前位，口裂达耳鼓膜中部。牛蛙的四肢十分发达。前肢四趾，后肢5趾。后肢比前肢长约2.5倍，而且粗壮有力，这样很适于在陆地上跳跃。后肢趾间有蹼，适于在水中游泳，便于两栖生活。雄蛙前肢的第一指内侧有膨大的黑色肉瘤，雌蛙没有这一构造。牛蛙皮肤光滑，能分泌黏液以保持皮肤湿润，利于呼吸。背部及两侧和腿部的皮肤颜色随栖息环境而变化，通常为深褐色或黄绿色，近看有深浅不一的虎斑状横纹。牛蛙头部上颚的侧面，呈鲜艳的绿色，腹部呈灰白色，雌蛙咽喉部呈黄色，雄蛙呈白色带有暗灰色斑纹，在产卵季节更为明显。牛蛙主要通过种间竞争、疾病传播和生境取代等方式对生态系统产生负面影响。

生境：水域环境；栖息于湖泊、小溪、池塘、沼泽，以及水库、咸水池塘、溪流和沟渠等水流缓慢、水草繁茂的水体中

原产地：北美洲

重庆分布：万州区、江北区、渝北区、巴南区、垫江县等

❶❷❸牛蛙

15. 巴西红耳龟 *Trachemys scripta elegans*（Wied）

别名：红耳彩龟、红耳龟、密西西比红耳龟、秀丽锦龟、翠龟、巴西红耳龟、麻将龟

分类地位：龟科 Emydidae 彩龟属 *Trachemys*

危害或风险等级：中度

性状描述：成体长椭圆形，背甲平缓隆起，脊棱明显，后缘呈锯齿状。头宽大，吻钝头颈部有黄绿相间的纵纹，眼后两侧各有1长条形红色斑块。头和颈侧面、腹面夹有黄绿线状条。眼中等大，颈短而粗。全身颜色多样，色彩斑斓，背甲翠绿色，每块盾片上具有黄绿镶嵌的圆环状斑纹；腹甲平坦，淡黄色，具有规则排列、似铜钱图案的黑色圆环纹。四肢粗短，趾间具发达的蹼。前肢5爪、后肢4爪。尾适中。龟苗时期色泽鲜艳醒目，全身布满黄绿镶嵌、粗细不匀的条纹和图案，随着个体长大，颜色、图案逐渐变淡。雄龟个体小，躯干长，前肢的爪子较长，尾基部较粗，泄殖孔距腹甲后缘较远；雌龟个体大，躯干短而厚，前肢的爪子较短，尾细且短，泄殖腔孔距腹甲后缘较近。巴西红耳龟摄食小鱼、小虾、螺、昆虫、岸边小型水鸟，也能通过携带的病菌危害当地生态系统平衡。

生境：栖息于淡水湖泊、沼泽和河流等环境中

原产地：美洲

重庆分布：九龙坡区、北碚区、南川区、开州区、武隆区等

❶❷巴西红耳龟生境　❸巴西红耳龟

参考文献

[1]巴家文，陈大庆．三峡库区的入侵鱼类及库区蓄水对外来鱼类入侵的影响初探[J].湖泊科学，2012，24(2)：185-189.

[2]成新跃，徐汝梅．中国外来动物入侵概况[J].生物学通报，2007，42(9)：1-4.

[3]杜予州，顾杰，郭建波，等．入侵害虫红火蚁在中国的适生性分布研究[J].中国农业科学，2007，40(1)：99-106.

[4]傅立国，陈潭清，郎楷永，中国高等植物[M].青岛：青岛出版社，2008.

[5]国家环保总局．关于发布中国第一批外来入侵物种名单的通知[EB/OL].(2003-01-10)[2021-05-28]. https://www. mee. gov. cn/gkml/zj/wj/200910/t20091022_172155.htm.

[6]环境保护部．关于发布中国第二批外来入侵物种名单的通知[EB/OL].(2010-01-07)[2021-05-28]. https://www. mee. gov. cn/gkml/hbb/bwj/201001/t20100126_184831.htm.

[7]环境保护部，中国科学院．关于发布中国外来入侵物种名单(第三批)的公告[EB/OL].(2014-08-20)[2021-05-28]. https://www. mee. gov. cn/gkml/hbb/bgg/201408/t20140828_288367.htm.

[8]环境保护部，中国科学院．关于发布《中国自然生态系统外来入侵物种名单(第四批)》的公告[EB/OL].(2016-12-20)[2021-05-28]. https:/www.mee.gov.cn/gkml/hbb/bgg/201612/t20161226_373636.htm.

[9]何善勇，徐飞，张宁，等．美国杂草风险评估方法对我国入侵植物的可应用性[J].林业科学，2020，56(4)：197-208.

[10]鞠瑞亭，李慧，石正人，等．近十年中国生物入侵研究进展[J].生物多样性，2012，20(5)：581-611.

[11]鞠瑞亭．生物入侵与城市生态安全[J].世界科学，2014(10)：42-44.

[12]李艳和．克氏原螯虾在我国的入侵遗传学研究[D].武汉：华中农业大学，2013.

[13]刘丹，史海涛，刘宇翔，等．红耳龟在我国分布现状的调查[J].生物学通报，2011，46(6)：18-21.

[14]陆永跃，曾玲，许益镌，等．外来物种红火蚁入侵生物学与防控研究进展[J].华南农业大学学报，2019，40(5)：149-160.

[15]马金双．中国入侵植物名录[M].北京：高等教育出版社，2013.

[16]马金双，李惠茹．中国外来入侵植物名录[M].北京：高等教育出版社，2018.

[17]马金双.中国外来入侵植物志[M].上海:上海交通大学出版社,2020.
[18]石胜璋,田茂洁,刘玉成.重庆外来入侵植物调查研究[J].西南师范大学学报(自然科学版),2004(5):863-866.
[19]万方浩,刘全儒,谢明,等.生物入侵:中国外来入侵植物图鉴[M].北京:科学出版社,2012.
[20]王磊,王正,曾玲,等.红火蚁入侵对香蕉园节肢动物群落的负面效应研究[J].环境昆虫学报,2017,39(4):835-847.
[21]王在凌,徐婧,张润志.中国重要检疫性实蝇的全球分布和入侵情况[J].生物安全学报,2020,29(3):164-169.
[22]吴喆.我国防控生物入侵的立法研究[D].上海:华东政法大学,2013.
[23]武海卫.松材线虫侵染后松林节肢动物群落组成和多样性结构研究[D].北京:北京林业大学,2008.
[24]胥丹丹,陈立,王晓伟,等.我国入侵昆虫学研究进展[J].应用昆虫学报,2017,54(6):885-897.
[25]徐海根,强胜.中国外来入侵生物[M].北京:科学出版社,2011.
[26]徐海根,强胜.中国外来入侵物种编目[M].北京:中国环境科学出版社,2004.
[27]许元钊.克氏原螯虾养殖对稻田生态系统影响的初步研究[D].大连:大连海洋大学,2020.
[28]杨昌煦,熊济华,钟世理,等.重庆维管植物检索表[M].成都:四川科学技术出版,2009.
[29]张春霞,章家恩,郭靖,等.我国典型外来入侵动物概况及防控对策[J].南方农业学报,2019,50(5):1013-1020.
[30]张登成,郑娇莉.水电工程建设前后外来鱼类入侵问题初步研究[J].人民长江,2019,50(2):83-89.
[31]李德铢.中国维管植物科属志(全三册)[M].北京:科学出版社,2020.
[32]中国科学院中国植物志编辑委员会.中国植物志[M].北京:科学出版社,1987.
[33]中华人民共和国农业部.中华人民共和国农业部公告第1897号[EB/OL].(2013-02-01)[2021-05-28].http://www.moa.gov.cn/nybgb/2013/dsanq/201712/t20171219_6119282.htm.
[34]周宇,袁雪颖,杨子轩,等.福寿螺入侵中国的扩散动态及潜在分布[J].湖泊科学,2018,30(5):1379-1387.

中文检索表

植物部分

动物部分

拉丁学名检索表

植物部分

（The part of plants）

动物部分

（The part of animals）

附　录

外来入侵物种管理办法

农业农村部令〔2022〕第4号

第一章　总则

第一条　为了防范和应对外来入侵物种危害，保障农林牧渔业可持续发展，保护生物多样性，根据《中华人民共和国生物安全法》，制定本办法。

第二条　本办法所称外来物种，是指在中华人民共和国境内无天然分布，经自然或人为途径传入的物种，包括该物种所有可能存活和繁殖的部分。

本办法所称外来入侵物种，是指传入定殖并对生态系统、生境、物种带来威胁或者危害，影响我国生态环境，损害农林牧渔业可持续发展和生物多样性的外来物种。

第三条　外来入侵物种管理是维护国家生物安全的重要举措，应当坚持风险预防、源头管控、综合治理、协同配合、公众参与的原则。

第四条　农业农村部会同国务院有关部门建立外来入侵物种防控部际协调机制，研究部署全国外来入侵物种防控工作，统筹协调解决重大问题。

省级人民政府农业农村主管部门会同有关部门建立外来入侵物种防控协调机制，组织开展本行政区域外来入侵物种防控工作。

海关完善境外风险预警和应急处理机制，强化入境货物、运输工具、寄递物、旅客行李、跨境电商、边民互市等渠道外来入侵物种的口岸检疫监管。

第五条　县级以上地方人民政府依法对本行政区域外来入侵物种防控工作负责，组织、协调、督促有关部门依法履行外来入侵物种防控管理职责。

县级以上地方人民政府农业农村主管部门负责农田生态系统、渔业水域等区域外来入侵物种的监督管理。

县级以上地方人民政府林业草原主管部门负责森林、草原、湿地生态系统和自然保护地等区域外来入侵物种的监督管理。

沿海县级以上地方人民政府自然资源（海洋）主管部门负责近岸海域、海岛等区域外来入侵物种的监督管理。

县级以上地方人民政府生态环境主管部门负责外来入侵物种对生物多样性影响的监督管理。

高速公路沿线、城镇绿化带、花卉苗木交易市场等区域的外来入侵物种监督管理，由县级以上地方人民政府其他相关主管部门负责。

第六条　农业农村部会同有关部门制定外来入侵物种名录，实行动态调整和分类管理，建立外来入侵物种数据库，制修订外来入侵物种风险评估、监测预警、防控治理等技术规范。

第七条　农业农村部会同有关部门成立外来入侵物种防控专家委员会，为外来入侵物种管理提供咨询、评估、论证等技术支撑。

第八条　农业农村部、自然资源部、生态环境部、海关总署、国家林业和草原局等主管部门建立健全应急处置机制，组织制订相关领域外来入侵物种突发事件应急预案。

县级以上地方人民政府有关部门应当组织制订本行政区域相关领域外来入侵物种突发事件应急预案。

第九条　县级以上人民政府农业农村、自然资源（海洋）、生态环境、林业草原等主管部门加强外来入侵物种防控宣传教育与科学普及，增强公众外来入侵物种防控意识，引导公众依法参与外来入侵物种防控工作。

任何单位和个人未经批准，不得擅自引进、释放或者丢弃外来物种。

第二章　源头预防

第十条　因品种培育等特殊需要从境外引进农作物和林草种子苗木、水产苗种等外来物种的，应当依据审批权限向省级以上人民政府农业农村、林业草原主管部门和海关办理进口审批与检疫审批。

属于首次引进的，引进单位应当就引进物种对生态环境的潜在影响进行风险分析，并向审批部门提交风险评估报告。审批部门应当及时组织开展审查评估。经评估有入侵风险的，不予许可入境。

第十一条　引进单位应当采取安全可靠的防范措施，加强引进物种研究、保存、种植、繁殖、运输、销毁等环节管理，防止其逃逸、扩散至野外环境。

对于发生逃逸、扩散的，引进单位应当及时采取清除、捕回或其他补救措施，并及时向审批部门及所在地县级人民政府农业农村或林业草原主管部门报告。

第十二条　海关应当加强外来入侵物种口岸防控，对非法引进、携带、寄递、走私外来物种等违法行为进行打击。对发现的外来入侵物种以及经评估具有入侵风险的外来物种，依法进行处置。

第十三条　县级以上地方人民政府农业农村、林业草原主管部门应当依法加强境内跨区域调运农作物和林草种子苗木、植物产品、水产苗种等检疫监管，防止外来入侵物种扩散传播。

第十四条　农业农村部、自然资源部、生态环境部、海关总署、国家林业和草原局等主管部门依据职责分工，对可能通过气流、水流等自然途径传入我国的外来物种加强动态跟踪和风险评估。

有关部门应当对经外来入侵物种防控专家委员会评估具有较高入侵风险的物种采取必要措施，加大防范力度。

第三章　监测与预警

第十五条　农业农村部会同有关部门建立外来入侵物种普查制度，每十年组织开展一次全国普查，掌握我国外来入侵物种的种类数量、分布范围、危害程度等情况，并将普查成果纳入国土空间基础信息平台和自然资源“一张图”。

第十六条　农业农村部会同有关部门建立外来入侵物种监测制度，构建全国外来入侵物种监测网络，按照职责分工布设监测站点，组织开展常态化监测。

县级以上地方人民政府农业农村主管部门会同有关部门按照职责分工开展本行政区域外来入侵物种监测工作。

第十七条　县级以上地方人民政府农业农村、自然资源(海洋)、生态环境、林业草原等主管部门和海关应当按照职责分工及时收集汇总外来入侵物种监测信息，并报告上级主管部门。

任何单位和个人不得瞒报、谎报监测信息，不得擅自发布监测信息。

第十八条　省级以上人民政府农业农村、自然资源(海洋)、生态环境、林业草原等主管部门和海关应当加强外来入侵物种监测信息共享，分析研判外来入侵物种发生、扩散趋势，评估危害风险，及时发布预警预报，提出应对措施，指导开展防控。

第十九条　农业农村部会同有关部门建立外来入侵物种信息发布制度。全国外来入侵物种总体情况由农业农村部商有关部门统一发布。自然资源部、生态环境部、海关总署、国家林业和草原局等主管部门依据职责权限发布本领域外来入侵物种发生情况。

省级人民政府农业农村主管部门商有关部门统一发布本行政区域外来入侵物种情况。

第四章　治理与修复

第二十条　农业农村部、自然资源部、生态环境部、国家林业和草原局按照职责分工，研究制订本领域外来入侵物种防控策略措施，指导地方开展防控。

县级以上地方人民政府农业农村、自然资源（海洋）、林业草原等主管部门应当按照职责分工，在综合考虑外来入侵物种种类、危害对象、危害程度、扩散趋势等因素的基础上，制订本行政区域外来入侵物种防控治理方案，并组织实施，及时控制或消除危害。

第二十一条　外来入侵植物的治理，可根据实际情况在其苗期、开花期或结实期等生长关键时期，采取人工拔除、机械铲除、喷施绿色药剂、释放生物天敌等措施。

第二十二条　外来入侵病虫害的治理，应当采取选用抗病虫品种、种苗预处理、物理清除、化学灭除、生物防治等措施，有效阻止病虫害扩散蔓延。

第二十三条　外来入侵水生动物的治理，应当采取针对性捕捞等措施，防止其进一步扩散危害。

第二十四条　外来入侵物种发生区域的生态系统恢复，应当因地制宜采取种植乡土植物、放流本地种等措施。

第五章　附　则

第二十五条　违反本办法规定，未经批准，擅自引进、释放或者丢弃外来物种的，依照《中华人民共和国生物安全法》第八十一条处罚。涉嫌犯罪的，依法移送司法机关追究刑事责任。

第二十六条　本办法自2022年8月1日起施行。